KB235343

0세부터
**글로벌**
유전인자를
개발하라

학부모, 유아교육 종사자, 아동교육
산업 종사자를 위한 유아교육 교양계발서

# 0세부터 글로벌 유전인자를 개발하라

이영석 지음

아이비하우스

# 어린이는 인류의 희망이자, 마지막 꿈!

시인 류시화는 "새는 날아가면서 뒤돌아보지 않는다."고 노래했습니다. 되돌아보는 순간 죽기 때문에 … . 그러나 저는 이 때문이 아니라 오랫동안 학습된 습관이나 습성의 탓은 아닐까하고 생각했습니다. 왜냐하면 저 역시 햇볕이 안 드는 음지의 유아교육보다 햇볕이 잘 드는 양지의 유아교육(복지부의 어린이집과 교과부의 유치원, 각 시도교육청과 지방자치단체의 구청, 대학과 대학교, 그리고 신문사 및 방송사)의 전문가로서 반쪽 인생을 살아온 것이 아닌가하는 안타까운 마음을 저버릴 수 없었기 때문입니다.

제가 전문가로 일해 온 공교육기관은 이미 학부모로부터 외면당해 오고 있고, 기업이나 정부로부터는 개혁의 표적대상이 되어 온 지 오래인데 말입니다. 우리 생활 주변에는 참 실천인이 많은 것 같습니다. 유아교육을 모르고 살면서, 유아교육 전문가와 등지고 지내면서,

유아교육 혜택의 사각지대에 머물면서 한결같이 유아의, 유아에 의한, 유아를 위한 유아교육 실천에 혼신의 힘을 기울이는 수많은 사람들이 있음을 제가 보았기 때문입니다. 눈길만 주어도 감동하고, 한 가지 정보에도 올인하여 메모하며, 전문가의 만찬장에 초대장만 받아도 눈물을 글썽이는 그네들을 보아왔고 만났기 때문입니다.

우연한 기회에 (주)아가월드그룹의 이석호 회장님과 점심식사를 함께 하게 되었습니다. 그 때 '아동교육산업체'에서 꼭 한 번 일해보고 싶다는 저의 말을 듣고서는 몇 번이나 "그게 정말입니까?"라고 확인하시고는 흔쾌히 제 뜻을 받아주셨습니다. 그래서 어느새 절반의 십년이 흘렀고, 이 5년은 제 삶에서 30년 동안 지켜온 유아교육에 관한 '사고思考'를 진화시켜 온 보석이 되었습니다.


'니즈'와 '비전' 없이 진행되는 교육기관과 그 곳에서 행해지는 교육에 어느 누가 지갑열기를 즐거워할 것이며, 그 누구가 행복한 마음, 즐거운 마음을 한순간이라도 느낄 수 있을까하는 반문이 생겼습니다. 단 한사람의 유아교육 전공자 없이 만든 교구와 교재, 그리고 그 교육활동에 기쁨과 만족감을 얻는 유아와 학부모들을 대하면서 바로 "이거야, 이것이야!"라는 생각이 번쩍 들었습니다.

"학부모와 기업, 그리고 정부가 원하는 것이 바로 '여기'에 있었구나!"라는 생각을 지니게 되었습니다. 유치원이든 대학이든 그 곳은 '비판을 일삼는 인간'을 만드는 곳이 되어서는 안 되며, 학부모와 기업, 그리고 국가가 원하는 '일하기를 좋아하는 인간'을 길러내야 하는 것입니다.

그럼에도 불구하고 교육현장에서는 여전히 현실과 유리된 몽상가들이 정한 교육과정을 그 몽상가들이 선호하는 절차와 방식대로 운영하고 있습니다. 학습자와 학부모 위에 군림하면서 말입니다. 단 한 번도 "종은 누구를 위하여 울리나?"를 생각해 본 적 없이 ….

이 세상에는 처음부터 좋은 것과 나쁜 것이 정해져 있다고는 생각하지 않습니다. 그러나 한 가지 분명한 것은 "변화하지 않으면 죽음뿐이다."라는 믿음입니다. 변화란 제도나 정책이 아닌 구성원의 의식변화가 선행되어야 합니다. 불행히도 그간 익힌 습관과 습성으로 인해 구성원의 의식은 그 변화가 쉽지 않고, 거의 불가능에 가깝다고 할 수 있습니다.

단 한 번도 외국인과 대화해 본 적 없는 사람이 영어교과서를 만들거나 가르친다면, 그 사람에게서 배운 학습자는 글로벌 소통을 할 수가 있겠습니까? 옛말에 "고기도 먹어 본 놈이 잘 먹는다."라는 말이 있습니다. 바로 그렇습니다! 교구를 만들든, 장난감을 팔든, 수업을 하든, 그 어느 누구가 그것을 원하며 또한 어떻게 원하는지를 먼저 정확하게 파악해야 할 것입니다.

아동교육산업체에서 통하는 속설 하나가 있습니다. "교수나 전문가가 만든 제품은 결코 팔리지 않는다."라는 말입니다. 이런 까닭에 대학교수나 전문가의 이름만 빌려서 시장에 팔리는 제품만 만들어낸다는 것입니다. 아동교육산업체들은 어린이와 학부모의 '니즈'와 '비전'이란 절대 불문율에 입각하여 이들로부터 사랑받고 행복하게 만들어줄 제품을 만드는 재주를 지니고 있기 때문입니다.

이 책이 어린이 관련 분야에 종사하는 모든 사람의 '어린이'에 대한, '어린이 교육' 에 관한 변화와 혁신을 가져오는 계기가 되기를 갈망합니다. 아동교육산업체의 여성 CEO, 일반학부모, 유아학원 원장, 어린이집 원장 및 유치원 원장, 초등 교장, 대학 및 대학교의 유아교육전공자, 유아행정 및 아동복지 담당자, 매스미디어 아동담당 프로듀서, 기업체의 일반 CEO 등등 … . 왜냐하면 글로벌 시대 초일류 국가 국민을 만들기 위해서는 적어도 0~8세 사이에 글로벌 DNA를 심어주어야 하기 때문입니다.

우리 속담에 "알아야 면장을 한다."라는 말이 있습니다. 글로벌 유전인자를 갖지 않으면, 세계인과 어깨를 나란히 할 수 없다는 현실을 먼저 깨닫고 직시해야만 합니다. 어떻게 글로벌 유전인자를 지닌 리더를 만들 것인가는 그 다음의 방법론적인 과제인 것입니다.

이 책이 출간되기 까지 열과 성을 다해 격려해 주신 분들이 많습니다. 모든 영광을 그 분들께 돌립니다. 무엇보다도 아동경영 분야의 문외한인 저에게 아동경영 전반에 참여와 가르침을 주신 아가월드 이석호 회장님께 제일 먼저 감사를 드립니다.

그리고 사단법인 KMS(Korea Montessori Society) 동료들, 교·강사님들, 회원님들의 전폭적인 지원과 사랑에 이 책을 헌납합니다. 방대한 초고를 축약하고 편집, 정리하며 단락마다 혼을 불어넣는 테마를 정하는 등 탁월한 편집기획력을 보여준 Q편집기획사 정다비 팀장님께도 무한한 감사의 마음을 전합니다.

칭찬을 하면 고래도 춤을 춘다고 합니다. 독자 여러분께서 따뜻한 격려와 칭찬의 말씀을 아끼지 않는다면 사단법인 KMS가 여러분을 흥겹게 하는 춤을 반드시 보여드릴 것입니다. 감사합니다!

2009년 5월
사라진 말죽거리 언저리에서
철학박사 이영석 씀

# 차 례

# 1부

교양

# 함께 하는 즐거움

# 나의 잔부터 비우자!

아이들은 손을 통해 창조의 세계를 경험한다.                    … 몬테소리

## ★ 경청의 기술

　사람들에게는 말하는 사람의 이야기를 끝까지 듣지 않고 '그렇고 그런 내용이겠지' 하고 미리 짐작하여 건성으로 듣는 습관이 있습니다. 마음의 문을 걸어 잠그고 듣는 척 하는 것입니다. 아가월드의 김진현 사장은 입버릇처럼 "이 세상에는 공짜는 없다(There is no such thing as a free lunch. ; 沒有白的午餐)"라고 직원들에게 말씀하시곤 합니다. 제가 가장 공감하는 말이기도 합니다.

　하지만, 여러분! 우리는 공짜 좋아하지 않습니까? 사실 큰 공을 들이지 않고 타인으로부터 삶의 귀중한 정보나 지혜를 얻는다면, 이보다 더 큰 횡재가 어디 있겠습니까? 경영학 용어를 빌면, 저비용 고효율이란 계산이 금방 나오는 것입니다.

이 시대를 함께 하려면, 발상의 전환이 절대적으로 필요합니다. 감히 여러분에게 당부드립니다. 오늘부터라도 타인의 말을 진지하게 듣는 마음을 가져봅시다. 요즘 '경청'에 관한 자기계발서가 직장인들 사이에 인기가 있습니다. 삼성 이건희 회장이 강조하였다고 하여 더 관심을 모은 개념이기도 합니다.

## ★ 여백의 미

일화 한 가지 소개합니다. 학식이 특출한 젊은 학자가 있었습니다. 외국 저명 대학교에서 박사학위도 받고 국내외 저명인들과의 폭넓은 교류를 통해 더 이상 배울 것이 없는 경지에 이른 자입니다. 담론의 상대가 없어 답답하게 시간을 보내던 차에, 어느 산사山寺에 이치를 통달한 고승이 있다는 소문을 듣고 한수 배워야겠다는 생각으로 찾아갔습니다.

그는 고승을 보자마자 찾아온 자초지종을 이야기하였습니다. 그러자 고승은 차나 한잔하자며 잔에 차를 따르기 시작하였습니다. 차는 잔을 넘치고 탁자를 타고 넘쳐 흘려 그의 바지자락을 적셨습니다. 그는 버럭 화를 내면서 가르쳐달라는 진리는 한마디도 하지 않고 남의 비싼 바지만 버려놓았다는 불평을 하면서 그 자리를 획 돌아 나와 버렸습니다.

고승은 들릴까 말까하는 목소리로 떠나가는 그의 뒤통수에 대고 "마음의 잔이 비거든 언제든지 찾아오게나. 지금은 자네 마음의 잔이 넘쳐 물 한 방울 담을 여백이 없다네."라고 하였습니다.

이 고승이 우리에게 전하는 메시지는 간단합니다. 타인의 말을 들을 준비가 되어있지 않은 자에게 어떤 지혜도 무용지물에 지나지 않는다는 사실입니다. 어린이가 어른보다 외국어를 빨리 습득하는 이치와 같다고 할 수 있습니다. 완전히 비어 있지 않습니까?

교육학자 존 로크(John Locke)는 어린이의 마음을 하얀 백지(tabula rasa)로, 유아교육학자 몬테소리(Montessori) 여사는 흡수정신(absorbent mind)이라고 말합니다. 자신의 잔을 비우지 않고는 새로운 것을 채울 수도 없고 남을 위해 잔을 권할 수도 없습니다.


## ★ 허울 좋은 포장지 – 자존심

자녀는 부모에게, 부하직원은 상사에게 먼저 다가가기를 꺼려합니다. 혹시나 주변동료로부터 아부하는 사람으로 보여질까봐 피하기도 합니다. 부모나 상사는 아랫사람이 원하는 귀중한 먹거리나 삶의 노하우(know-how)를 가지고 있습니다. 우리가 이들을 피한다는 것은 영어단어를 찾아야 하는 학생이 영어사전을 멀리하는 경우와 같다고 봅니다.

아랫사람이 윗사람 말을 잘 들어 손해 본 일이 전혀 없습니다. 그럼에도 우리는 부모나 상사가 자신을 먼저 찾아오거나 불러주기만을 기다리고 있습니다. 그러나 부모가 자녀를 찾는 경우, 상사가 부하직원을 찾는 경우는 통상적인 업무를 제외하고는 대다수가 문제가 있을 경우입니다.

윗사람이 자신에게 다가오기를 바란다는 것은 자신의 무능함과 부족함을 인정하고 윗사람의 처분대로 맡기겠다는 것으로 해석되는 것입니다. 독립된 개체, 창의적 개성의 소지자로서 자신을 윗사람에게 바르게 알리지 못하고 누구에게 예속되거나 맹목적으로 복종하는 존재로 자신을 낮추어 자리매김하는 것입니다.

지금부터라도 적극적으로 주변의 윗사람들에게 자신을 바르게 홍보하는 자세가 필요합니다. 그런데도 여러분이 쉽게 다가가지 못하는 이유가 있으리라 봅니다. 혹시 실수라도 하여 보잘것없는 사람으로 보이지는 않을까하는 염려나 자존심 때문일 것입니다. 잘난 사람이나 배운 사람의 공통분모의 하나가 자존심이 강하다는 것 아닙니까?

자존심(self-esteem, self-concept)이 강한 자와 자존심으로 포장한 자는 구분했으면 합니다. 진정으로 자존심이 강한 사람은 자존심으로 포장하지 않는 사람입니다. 타인의 생각이 스며들 여지를 많이 가진 자가 진정으로 자존심이 강한 자라고 생각합니다.

## ⭐ 성공의 동인 – 실패와 상상력

2008년 6월 5일 하버드대학교의 졸업식에 초빙된 〈해리포터〉의 저자인 조안 롤링은 사회에 첫발걸음을 내딛는 졸업생들에게 두 가지 단어를 던져 감동을 자아내었습니다. 롤링의 자화상을 담은 개념, 즉 실패와 상상력입니다.

실패 없이는 성공할 수 없고 상상력 없이는 최고가 될 수 없다고 하였습니다. 하버드 학생들은 한 번도 실패의 경험을 한 적이 없기에 실패를 두려워하거나 실패하지 않으려고 발버둥칠지 모른다고 경고하였습니다. 살아가면서 실패도 있겠지만 이는 여러분을 성공으로 이끌게 될 강력한 동인이 될 것이라고 했습니다.

참 공감이 갑니다. 인간은 시행착오를 통해 성장하고 발전합니다. 걸음마를 막 시작하는 꼬마는 이 세상에서 가장 존경하는 부모님 앞에서 자랑스럽게 실수와 시행착오를 수없이 반복합니다. 그 결과 성공하는 것입니다.

여러분! 걸음마를 배우는 꼬마가 실수할까봐 부끄러워 일어서지 못하거나 걸음마 못하는 경우를 본 적이 있는지요? 이들의 실수를 본 부모나 다른 사람이 그 실수와 실패에 대해 질책하는 것을 본 적이 있습니까? 오히려 박수치고 잘한다고 칭찬하고 격려하지 않습니까? 일상의 부모나 상사라면 누구든지 아랫사람의 실수에 대해 무시, 비난, 질책하기보다 오히려 격려와 용기를 불어넣어줄 것입니다.

## ★ 변혁의 결실을 이끄는 소통

오래 전에 저는 이상백 씨와 김연주 씨가 당시 공동 진행하던 KBS
〈아침마당〉 프로그램에 전문가로 자주 초대되었습니다. 그날의 프로
그램은 이상적인 부부상을 소개하는 시간으로 어렴풋이 기억됩니다.
결혼 후 한 번도 부부싸움을 한 적이 없이 단란하게 지낸 부부가 자
랑스럽게 소개되었습니다. 저는 그 소개를 듣는 순간 가슴이 무척 답
답하였음을 지금도 잊을 수가 없습니다. 그 슬하에 사는 이이들이 얼

마나 숨이 막혔을까 하는 생각에서, 이분들이 정말 사람이 맞나 하는 생각까지 했습니다.

엄마 마네킹과 아빠 마네킹은 몇 십 년 동안 함께 있어도 절대 서로 싸울 일은 물론 실수나 잘못할 일은 없을 것입니다. 부부도 그 생명이 정지되는 순간까지 부단히 성장과 변화를 거듭합니다. 이런 과정에서 시행착오를 겪게 되는 것입니다. "실패는 성공의 어머니다."라는 속담을 굳이 그 예로 들지 않아도 그 이치를 쉽게 알 수 있습니다.

저는 실수도 하는 사람들과 함께 일하고 싶습니다. 실수할 수 있는 사람은 인형이나 신이 아닌 인간이기를 선택한 것이고, 인간은 동물이나 식물처럼 그들만의 고유한 자연향기를 지니고 있기 때문입니다. 특별히 시간을 내어 멀리 산, 숲, 강, 해변으로 가지 않아도 이들로부터 제가 원하는 자연의 바람, 소리, 향기를 실컷 만끽할 수 있습니다.

저는 사람들과 함께 하는 차 한 잔, 맥주 한 잔이 좋습니다. 이렇게 함께 하는 시간에 상대방의 생각을 느낄 수 있는 여백이 만들어지기 때문입니다. 서로의 잔을 비우고 상대방에게 잔을 권할 수 있어 더욱 좋습니다. 자신의 억눌린 자존심, 빛바랜 역량을 여과 없이 토해내고 그렇게 비운 곳에 새로운 신천지를 개척할 수 있게 되어 더욱 좋습니다.

단절의 반대가 소통이고 소통의 과정이 상생이고 상생의 결과는 엄청난 변혁적 결실을 가져오며 결국에는 인류의 번영과 희망의 꽃망울을 피우게 될 것입니다. 우리 모두는 이런 역량을 갖고 태어났다고 봅니다. 다만, 함께 풀지 않고 혼자서 풀려고 하기 때문에 적응상의 문제가 쌓여가는 것입니다.

　여러분! 타인에게 먼저 자연스럽게 다가가 그들의 소리에 귀 기울여 보지 않으시렵니까? 자신의 마음의 잔을 비우고 진정한 소통을 통해 얻는 결실의 위력을 기대합니다.

# 뒤태 디자인, 그 화려한 성공!

뒤를 향해 멀리 볼 수 있다면, 앞을 향해서도 그만큼 멀리 볼 수 있다.

... 처칠

저는 자주 '앞모습보다 뒷모습이 아름다운 사람'을 떠올리곤 합니다. 남의 눈에 잘 드러나지 않는 곳에서 '인간됨'의 도리를 성실히 이행하는 사람들이 있습니다. 이들은 정말 향기롭고 아름다운 사람들입니다. 상대방의 배려를 상상할 수 없는 빼곡한 전철 안에서, 남이 보지 않는 은밀한 화장실에서, 누구나 거닐 수 있는 길거리에서 이들이 보여주는 인간됨은 정말 아름다움 그 자체랍니다. 요즘처럼 '자기 멋대로' 사는 세상에서는 이들이 더욱 빛납니다.

## ★ 기본, 그 뒤태의 아름다움

요즘 저도 좀 변한 것 같습니다. 대단한 일을 하는 사람보다 할일을 하는 사람이 더 존경스럽습니다. 길가에 늘 서있는 전봇대처럼 '늘 그 장소에서 한결같은 그 사람'이 존경스럽습니다.

이른 아침이나 늦은 저녁에 텅 빈 대로에서 신호를 꼬박꼬박 지키며 운전하는 사람, 감시하는 사람이 없는 데도 미성년자에게 담배를 절대 팔지 않는 담뱃가게 주인, 신분증 확인을 하지 않는 극장에서 자기 나이에 맞는 영화만 골라보는 청소년 등등 … 정말 이들은 저를 감동시킵니다.

저는 외국에 가면, 중심가의 밤 뒷골목을 살펴보는 습관이 있습니다. 일본의 동경, 미국의 동부 고도인 볼티모어, 그리고 중국의 상하이를 갔을 때도 그랬습니다. 그곳에서 놀라운 사실을 발견하곤 합니다. 동경이나 볼티모어의 밤풍경은 분명 서울의 밤거리보다 더 깔끔할 것이고, 반대로 상하이의 것은 덜 깔끔할 것이라 생각한 저의 예상은 어긋나고 말았습니다. 서울의 밤 골목이 동경이나 볼티모어보다 더 깔끔하였지만, 상하이에는 미치지 못하였습니다.

제가 본 세계 대도시의 앞모습(앞태)과 뒷모습(뒤태)은 전혀 딴판이었습니다. 저는 도시의 낮 모습 못지않게 밤 모습이 더 중요하다고 생각합니다. 밤늦은 동경 번화가의 뒤태는 서울의 뒤태보다 나을 것이 없었습니다. 무질서, 고성, 그리고 제멋대로 흐트러진 사람들의



0세부터 글로벌 유전인자를 개발하라

모습이 있었습니다. 앞태는 한국의 대도시보다 훨씬 잘 정비되어 있는 미국의 경우도 사정은 마찬가지입니다. 선진국 대도시들의 뒤태는 예상 밖으로 실망이 컸습니다.

이에 비하면, 서울의 앞태는 개발도상국의 티를 완전히 벗지 못하였지반, 그 뒤태만은 후한 점수를 주고 싶었습니다. 이런 자부심도 잠시 상하이나 북경의 뒤태를 보는 순간, 그만 생각이 완전히 바뀌었습니다. 밤 12시가 넘은 거리를 부녀자들이 한가롭게 혼자서 자전거를 타고 귀가하는 모습들을 쉽게 볼 수 있었고, 헝클어진 취객醉客의 모습들은 잘 띄지 않았습니다.

통제사회의 뒤태가 자유사회의 뒤태보다 더 엉망일 것이란 생각은 편견에 불과했습니다. 선진국의 뒤태, 자유주의의 뒤태에서 저는 더 많은 무질서와 혼란을 보게 되었습니다.

## ★ 밤에 피는 장미

요즘 기업에서는 상품의 뒤태를 예쁘게 하여 고객의 마음을 사로잡는 새로운 영업기법을 채택하고 있습니다. 고객의 선호도 변화가 심한 최첨단 분야, 특히 자동차, 핸드폰, TV 그리고 구두 분야가 그렇습니다. 2007년 1월 선보인 볼보의 해치백 승용차 C30이 그 선두주자입니다. 독특하고도 귀여운 글라스로 된 후면 디자인이 돋보이는 모델로 자동차 전문지인 〈아우토 빌트〉에서 '가장 아름다운 차' 로 뽑힌데 이어 독일의 주요 디자인 어워드인 '아우토 빌트 디자인 어워드' 의 중소형차 부문에서도 디자인상을 수상하기도 했습니다.

핸드폰의 경우, 2008년 3월에 출시된 모토로라의 '레이저 스퀘어드 럭셔리 에디션' 은 뒷면의 배터리 커버를 뱀가죽 무늬처럼 디자인하고 가운데를 18K 금으로 로고를 제작하여 고객의 마음의 사로잡았습니다. LG전자의 TV '엑스캔버스 스칼렛' 도 뒤태 디자인이 인상적입니다. 앞면과 뒷면을 함께 빨강색으로 마감해 평소에 잘 보이지 않은 부분에까지 세심한 배려를 한 것입니다.

당시 LG TV의 디자인에 참여한 박세라 책임연구원은 "뒤태에도 신경을 쓴 디자인을 처음 기획했을 때, 회사 내부에서도 왜 안 보이는 부분에도 투자를 하느냐며 반대하는 분위기였습니다. 전에는 뒷부분에 디자인 개념 자체가 없었기 때문입니다."라고 당시 상황을 회고하였습니다.

구두의 경우도 뒤태 강조형이 2008년 여름 여성들의 마음을 사로잡았습니다. 단연 돋보이는 것은 바로 프라다의 하이힐입니다. 이러한 뒤태 디자인의 영향은 수영복에도 미쳐 목뒤로 묶는 '홀터넥' 이 유행을 주도하였습니다.

상품의 가치는 상품 그 자체 못지않게 포장지나 포장박스에 의해 절대적인 영향을 받게 됩니다. 왜 중요하지 않았던 뒤태가 디자인의 화두로 떠오른 걸까요? 그 답은 간단명료합니다. 양의 시대에서 질의 시대에로, 정보와 지식시대에서 가치와 문화의 시대에로, 표준의 시대에서 개성의 시대에로 맞게 변화하는 트렌드 때문입니다.

'나만의 멋과 스타일을 창조' 하고 싶고 유지하고 싶은 현대인의 니즈(needs)가 주요 원인입니다. 고객의 니즈를 읽지 못하는 기업과 고객의 니즈를 찾지 못하는 영업사원은 고객의 사랑을 영영 받지 못하게 됩니다.


## ★ 가치와 문화를 담은 명품

바야흐로 제품구성을 넘어 디자인으로 제품의 가치가 평가되는 시대가 된 것입니다. '내구성, 고급소재, 원산지 생산, 엄정한 제조 공정, 기준치 이상의 함량' 등의 제품구성으로만 고객을 만족시키는 시대는 아닙니다. 바로 그 제품만의 스토리가 있고, 다른 제품과 차별화되는 색다른 가치와 문화를 향유하고 있는지가 평가되는 소비자시대가 다가온 것입니다.

기업이든 국가든 살아남기 위해서는 발상의 대전환이 필요합니다. 제품 자체를 넘어 그 제품의 뒤태, 즉 후면, 포장, 고객서비스, 고객상담자의 아름다운 음성, 친환경 서비스 등이 제품의 가치를 한껏 높여주게 되는 것입니다. '고객의, 고객에 의한, 고객을 위한 디자인 서비스 시대' 가 활짝 열린 것입니다. 서비스 디자인을 주도하는 기업이나 집단만이 앞장서서 이 시대를 주도하게 될 것입니다.

한국에서 디자인 경영의 시작은 1995년 이건희 삼성 회장에서 찾아볼 수 있습니다. 이 회장은 자사의 전자제품이 미국과 유럽시장에서 먼지를 뽀얗게 뒤집어 쓴 채 매장의 뒤칸에 밀려나 있는 자사의 제품들을 임직원에게 보여주면서, '디자인경영'을 외친 후 10년 만에 삼성을 세계 초일류기업으로 도약시켰습니다.

이제 디자인은 스타일 단계를 넘어 문제해결 단계에로 진화하고 있습니다. 그 예로 LG전자는 중·장년층의 시력을 감안하여 복잡한 기능을 대폭 줄이고 숫자의 크기를 2배로 키운 '와인폰'의 출시로 이들의 마음을 사로잡았고, 건설 분야에서 대우 '푸르지오', 삼성 '레미안', GS '자이', 대림 'e편한세상' 등의 독창적인 아파트 브랜드 문화를 창조하여 차별화에 성공하였습니다.

디자인은 단순히 스타일이나 멋진 제품의 제공을 넘어 소비자의 문제해결 수단, 편안하고 즐거운 서비스를 제공합니다. 그 예로 현대카드를 들 수 있습니다. 현대카드의 디자인 서비스 경영 핵심은 혁신적, 창의적인 기업문화의 변화에 있습니다. 모든 프로젝트는 금액의 고저에 관계없이 9시간 이내에 결재되며, 사장 주재 회의에도 지정된 좌석을 없앴습니다. 구내식당도 직원들이 원하는 음식을 직접 만들어 먹을 수 있는 주방시설을 갖추었습니다. 사무실의 가구나 인테리어 등도 최대한 안락한 근무환경을 창조하면서, 현대카드의 이미지가 부각되도록 디자인하였습니다. 이 결과 2003년도 9천억 원의 적자기업에서 2007년도 7천억 원의 순 흑자기업으로 탈바꿈하였습니다.

국민대학교 이은형 교수는 디자인 서비스 경영의 핵심 세 가지를 제시한 바 있습니다. 첫째, 소비자의 본질적 욕구를 파악하는 능력, 둘째, 소비자를 주의 깊게 관찰함으로써 소비자의 문제를 해결하는 능력, 셋째, 소비자 욕구에 기초한 미래의 라이프스타일을 창조하는 능력입니다.

국내의 대기업들도 이 디자인서비스 개념을 도입하기 시작하였습니다. 삼성전자의 UDS(user driven sensing)와 LG전자의 LSR(life soft research) 개념이 바로 그것입니다. 이 회사의 디자이너들은 과거의 포커스그룹(focus group) 인터뷰(소비자 5~6명으로 동질 집단을 구성하여 구조화되지 않은 상황에서 인터뷰 하는 방식)와 달리 수시로 코엑스 또는 대학가를 찾아다니면서 하루 종일 소비자행동들을 관찰하는 것입니다.

소비자의 '라이프스타일'의 관찰, 즉 '있는 그대로의 소비자'를 관찰하는 것입니다. 이것은 제가 평소에 아동교육산업체의 영업 간부들에게 강조한 2030 젊은 엄마들의 '매일생활주기 리듬'의 파악과 일치하는 컨셉입니다.

## ★ 완전 감동 고객서비스

서비스 디자인 경영을 실현하는 세계적 디자인 회사가 있습니다. 마이크로소프트와 한국의 삼성과 SK 등에서도 디자인을 의뢰한 적이 있는 미국 서부 샌프란시스코의 태평양 연안에 위치한 회사 '아이데오(IDEO)' 사입니다. 디자인을 훌쩍 뛰어넘어 미래세계를 디자인하는 세계적 디자인 회사입니다.

"아이데오는 곧 아이디어다."라는 정신을 통하여 아이데오는 상품이나 제품의 디자인에 국한하지 않고 '서비스디자인'을 추구하고 있습니다. 상품스타일의 시각화만 신경 쓰지 않고 고객만족이나 고객 감동을 획기적으로 개선하여 그 상품의 브랜드가치를 극대화하는 것입니다.

한 병원(2003년 미국 대형 의료기관인 카이저 퍼머넌트*Kaiser Permanente*)의 서비스 개선을 예로 들 수 있습니다. 아이데오의 디자인팀은 소비자행동을 관찰하기 시작하였고, 환자의 입장이 되어 병원 구석구석을 누비고 돌아다녔습니다. 이 과정을 통해 디자인팀이 밝혀낸 사실은 환자와 가족들이 접수 창구 대기실에서 엄청난 불편을 겪는다는 사실이었습니다.

또한 어린이나 노인, 이민자들처럼 보호자가 필요한 환자들이 병원을 방문할 경우, 환자가 보호자로부터 떨어져있어야 한다는 문제점도 찾았습니다. 더욱이 환자 혼자서 반나체로 20~30분간 누워 있는 경우도 있었습니다. 이에 따라 아이데오의 디자인팀은 보다 편리한 대기실, 환자와 가족 3~4명이 함께 들어갈 수 있는 보다 큰 진찰실 등을 제안하였습니다.

그리고 간호사의 교대근무 때문에 환자들이 겪는 불편도 관찰되었습니다. A간호사한테 이미 병력을 말하였는데도, 교대근무로 새로 들어온 B간호사에게 처음부터 다시 설명해야 하는 짜증스러운 일들이 반복되었습니다. 이에 아이데오의 연구팀은 환자정보를 인수·인계하는 컴퓨터 프로그램의 개발을 제안하였습니다.

그동안 다수의 유아교재·교구회사들의 영업방식을 보면, 고객감동이나 만족의 영업과는 거리가 있었습니다. 교구와 교재를 고객에게 떠맡기는 묻지마식의 영업, 과학적, 전문적으로 고객을 이해시키기보다 억지강제 구매영업을 채택하곤 하였습니다. 고객이 진정으로 원하고 갈구하는 것을 찾아, 이를 하나씩 해결해주고, 고객의 만족과 이익을 먼저 생각하는 '친親 고객관' 을 추구하지 못하였습니다.

이러한 방문판매 영업방식이 설 자리는 점차 좁아져가고 있습니다. 바야흐로 충성고객 만들기를 위한 디자인서비스 경영개념의 도입범위는 점차 확대되고 있습니다. 그동안 무심코 고객을 무시하였거나 잘못한 부분들을 하나씩 찾아내어, 고객의 이익을 먼저 챙겨주는 서비스경영을 실천해야 합니다.

## ★ 세계화 경주에서 최고 · 최선의 생존법칙

출산율의 급감으로 시장규모가 축소되고 있고, 다른 나라 동종업계와의 경쟁에서 우위를 점하지 않으면, 국내시장도 외국업체에 내주어야 할 절박한 상황입니다.

평소에 제가 존경하는, 아가월드그룹의 이석호 회장은 종종 "회사의 상호를 제외하고는 모두 확 바꾸어야 한다. 한국의 냄새를 완전히 지워야 살아남는다."라고 말씀하십니다. 정말 공감이 가는 말입니다. 성공한 외국의 글로벌 기업을 보면, 한국 고객에겐 한국 기업처럼, 네덜란드 고객에겐 네덜란드 기업처럼 처신을 하고 경영전략을 구사하고 있습니다. 한국의, 한국을 위한, 한국인에 의한 기업은 더 이상 생존하기가 힘든 시대에 우리가 처해 있음을 절감해야 합니다.

아동산업체는, 단순히 상품과 제품을 만들고 파는 회사란 이미지를 완전히 떨쳐버리고, 고객이 가장 사랑하는 보배인 어린이의 꿈과 미래를 만들어주는 곳, 그 꿈이 실현될 수 있는 환경을 만들어주는 곳, 그리고 고객의 성공과 행복을 함께하는 곳이 되어야 합니다.

세계적 기업인 코닥의 이스트만 회장이 직원들에게 "코닥은 무엇을 파는 회사인가?"라고 물었습니다. 망설이던 직원들은 '필름', '사진', '카메라'라고 답하였습니다. 회장은 단호하게 "아닙니다! 코닥은 고객의 아름다운 추억을 만들어주는 회사입니다."라고 말하였습니다. 참으로 공감이 가는 말 아닌가요!

아동교육산업 분야에 종사하는 우리는 무엇을 파는 사람일까요? 여러분! 잠시 창밖으로 고개를 돌려 먼 창공을 응시하면서 20세기의 무거운 짐들을 내려놓고 21세기의 신바람 나는 멋진 구상-우리는 무엇을 파는 사람일까요?-을 해보시지 않으렵니까?

이 시대는 개인이든 기업이든 어느 것 하나 예외 없이 '최선, 최고, 최후'가 되지 않고는 생존할 수 없다고 봅니다. 누구나 하는 일상적, 보편적, 획일적, 통상적 방식으로는 단 한 사람의 감동도 얻어내기가 어려워졌습니다. 고객이 꼭 갖고 싶어 하는 것이나 가치와 문화를 담은 것을 제공하지 않으면, 고객은 더 이상 그 브랜드에 정을 주지 않게 되는 것입니다.

기업의 모든 지원시스템도 제품의 유통경로 중심, 구매경로 중심, 그리고 제품구성 중심에서 고객이 원하는 '가치와 문화 서비스' 중심으로 경영전략을 수정해야 할 것입니다. 그리고 모든 지원시스템 관리는 교육, 상담, 마케팅이 동시에 이루어지는 원스톱(one stop)체제로 운영할 필요가 있습니다. 수시로 고객의 만족도를 직접 모니터링하는 '고객회진시스템'(병원에서 매일 정규적으로 오전, 오후로 나누어 전문의가 직접 환자실을 내방하여 환자의 치료상태를 점검하는 제도)을 갖추고 전국의 각사업장이 하나의 사업장처럼 운영하고 관리될 수 있도록 해야 합니다.

이 길만이 오늘날의 기업이 생존할 수 있는 길이고, 후손에게 멋진 한국 브랜드기업을 남겨줄 수 있는 기업체가 되는 길입니다.

# 이 시대의 '참 영웅'들 …

개성은 신이 인간에게 준 최대의 축복이므로 이를 최대한 계발해
야 한다.
                                          … 페스탈로치


## ★ 모든 개성이 조화되는 다문화 시대

누군가 이 시대는 영웅이 없는 시대라고 말하였습니다. 모두가 다
잘났기 때문일 것입니다. 그래서인지 특정인을 맹목적으로 존중하거
나 추앙하는 그런 시대는 끝난 것 같습니다. 지금은 누구든지 영웅이
될 수 있는 그런 열린 시대라는 것입니다. 누군가 말했습니다. "이 시
대는 함께 부를 노래도 없고, 함께 높이 치켜들고 흔들 깃발도 없고,
함께 공동으로 추구할 진리도 없고, 그리고 모두 함께 존경할 지도자
도 없다."고 말입니다.

이 시대의 특성을 단적으로 잘 나타낸 표현입니다. 모두가 공감할 수 있을 것입니다. 영웅이 되려면 시대를 잘 만나야 하고, 시대는 그에 필요한 영웅을 만든다고 하지 않습니까? 어떻게 보면, 이 시대는 모두가 함께 추구할 그런 영웅이란 존재하지 않을지도 모릅니다. 지금의 시대는 단일화, 획일화, 정형화, 표준화, 객관화, 간편화, 통일화 등을 추구하는 시대가 아닙니다. 전통적인 전원사회나 근대의 산업사회에서 추구하는 그러한 영웅상을 이 시대는 결코 기대할 수 없기 때문입니다.

과거의 영웅상이란 일반적으로 '아무나 할 수 없는 그런 전대미문의 힘과 역량을 가진 자'를 지칭하는 것입니다. 초인적 능력이나 역량을 갖고 태어난 선택된 사람들만이 영웅이 될 수 있었습니다. 그렇기에 지도층 계급에서 영웅이 탄생되는 것이고 정치, 군사, 외교, 종교, 학문과 같은 선택된 분야에서 영웅이 탄생하는 것입니다. 신분이 천하거나 경제사정이 궁핍하거나 소외 계층(예를 들면 저소득층, 마이노리티 그룹, 여성, 어린이, 노인, 장애인 등)에서는 결코 영웅이 배출될 수 없었습니다.

이념, 이성理性, 대량생산, 모더니즘을 추구하는 시대에는 그 시대에 맞는 영웅상이 있었을 것입니다. 그러나 시대가 변화하여 감성사회, 탈이념사회, 포스트모더니즘, 정보사회에서 요구되는 영웅상은 전혀 다를 수밖에 없는 것입니다. 특히 지금처럼 세계가 하나의 지구마을을 이루고 있는 시대에 요구하는 영웅상은 또 다른 모습을 가질 것으로 예상됩니다. 글로벌시대, 세계화시대에 요구하는 글로벌 영웅상은 어떤 것이 되어야할지를 곰곰이 생각해 보아야할 것 같습니다.

## ★ 글로벌 영웅의 네 가지 조건

저는 글로벌시대의 영웅상에 대해 논의해 보고자 합니다. 이 시대 영웅의 조건들을 먼저 생각해봅니다. 사람들마다 그 관점의 차이가 있겠으나 글로벌 시대 영웅상은 다음의 네 가지 조건을 갖추어야 한다고 봅니다.

### 첫째, 인간성 조건

일본 유학생이던 이수열 군은 달려오는 전철에 뛰어든 일본인을 구하기 위해 자신을 희생하였습니다. 자국민을 구하기 위해 목숨을 바친 이수열 군의 장렬한 죽음은 일본 열도를 달구기에 충분하였고 일본인들은 그의 행적을 기리며 영웅으로 칭송하였습니다.

2007년 종로구 고층 주상복합상가 신축건설 현장의 한밤중 화재현장에서 합숙중인 몽골인 노무자들이 자신의 목숨을 아끼지 않는 헌신적 노력으로 10여 명의 귀중한 생명을 구하였습니다. 자신의 목숨 부지도 화급한 상황에서 이들에 의해 10여 명의 한국인의 귀중한 목



0세부터 글로벌 유전인자를 개발하라

숨을 구하였다는 사실이 외부에 뒤늦게 알려졌습니다. 그들은 몽고인 불법 체류자였기에 신분 노출을 꺼려했습니다.

목숨을 건진 사람들에 의해 이들의 영웅담이 하나씩 세상에 알려지기 시작하였고, 드디어 언론들이 앞다투어 대서특필을 하기 시작하였습니다. 정부도 나서서 이들의 영웅적 행동에 찬사를 보내며 체류 허가증을 선물하였습니다. 대가를 바라지 않고 행한 이들의 숨은 인간애는 이 시대의 표본적인 영웅상이라 생각합니다.

## 둘째, 전문성 조건

현대는 지식기반 사회이고 정보화 사회입니다. 한 분야에서 고도의 숙련된 전문성을 가져야만 인정을 받을 수 있고 각종 다양한 방면의 사회활동에 참여할 수 있는 것입니다. 한때 서울대학교 의과대학생으로 의사의 꿈을 꾸다가 컴퓨터 백신 프로그램 개발업체인 안철수연구소를 실립한 안철수 씨나, 2007년 초에 아기월드의 CEO를 위한 MBA과정에 초청강연을 한 적이 있는 서상록 전 삼미그룹 부회장도 전문성 조건을 갖춘 이 시대의 영웅이라고 할 수 있습니다.

서상록 씨는 삼미그룹 부회장까지 한 엘리트 전문경영인이었습니다. 어느 날 갑자기 대기업이 도산되자 일자리를 잃게 되었습니다. 그는 이에 굴하지 않고 롯데호텔 쉔부른 레스토랑 웨이터로 변신하여 세상을 놀라게 하였고, 서빙도 일류이어서 그의 서빙을 받기 위해 많은 사람들이 이 레스토랑을 찾게 되어 일약 장안의 명소로 자리 잡았습니다. 특정 분야의 전문성이 있었기에 일반인의 존경과 사랑을 받을 수 있었습니다.

### 셋째, 참여성 조건

이의 대표적 사례로 바로 한국의 '촛불시위 문화'를 들 수 있습니다. 미군 장갑차에 치어 숨진 두 여중생의 죽음을 애도하는 행사로 시작된 촛불시위가 미국 '쇠고기재협상 촛불시위'로 이어져 21세기 감성시대에 한국인의 시위문화의 정형으로 자리 잡게 되었습니다. 이 '촛불시위 문화'는 이 시대 모든 사람의 참여정신을 촛불의 상징으로 진화시킨 '신新 시위문화 창조'라는 의미를 갖고 있습니다.

촛불시위 문화의 하이라이트는 2008년 4월에서 6월 사이에 전국을 강타한 미국 쇠고기재협상 촛불시위였습니다. 초등생, 고교생, 직장인, 아줌마, 아저씨, 할아버지 등 각계각층이 축제참여 시위 문화를 창조하게 되었습니다. 얼마나 이 힘이 강력하였는가는 70퍼센트 이상의 압도적 지지로 대통령에 당선된 이명박 정부를 잠시나마 무기력하게 만들 정도로 그 촛불의 파워를 실감할 수 있었습니다.

이 시위는 반정부 운동이거나 정부타도 운동이 아니었기에 세계인의 사랑과 관심과도 함께 할 수 있었습니다. 일부 이해정당이나 좌파 극력분자들에 의해, 마지막엔 다소 그 양태가 변질된 형태로 흐른 점이 정말 옥의 티라고 할 수 있습니다.

### 넷째, 감동성 조건

한국의 2002년 월드컵의 붉은 악마와 거리응원 문화를 기억하지 못하는 사람은 아마 없을 것입니다. 히딩크의 4강 신화 이외에 세계인의 가슴속에 각인시킨 것이 바로 거리응원 축제문화를 창안한 일입니다. '오 필승 코리아!' 란 노래, 붉은 악마, 그리고 거리응원, 이 삼박자가 연출해낸 것은 보는 사람, 듣는 사람 모두의 가슴에 진한 감동을 주었습니다.

바로 이것이 이 시대가 창안한 영웅적 사건임이 분명합니다. 그러하기에 이는 세계인에게 깊은 감동을 주고도 남음이 있었습니다. 이 거리응원 축제는 2006년 독일월드컵으로 바로 전이되고 확산되었으며, 또다시 세계인의 감동을 자아내게 만들었습니다.


## ✦ 민초에 한 줄기 단비 – 그대가 영웅!


이 시대는 모두가 영웅이 될 수 있는 그런 시대입니다. 야채가게만 잘 운영하여도 영웅 대접을 받는 그런 시대입니다. 바로 그 주인공이 '총각네 야채가게' 이영석 사장입니다.

왜 우리는 영웅을 원하며, 영웅들을 기다릴까요? 그건 바로 암울하고 힘들고 어려운 시대에 살고 있는 민초들에게 그들은 한줄기의 단비와 같은 생명력을 불러일으키고 희망, 포부, 비전을 담은 서광을 주기 때문입니다.

1998년 외환위기 시절 미국 메이저리그 다저스 야구팀에 진출한 에이스 박찬호 투수와 한국인 최초로 미국 LPGA에 진출한 골프선수 박세리와 같은 걸출한 두 영웅이 우리 국민의 암울함을 힘껏 안아주었습니다. 그 다음에 월드컵 4강 신화를 창조한 히딩크, 최초로 축구 명문구단 프리미그리그 맨체스터 유나이티드에 진출한 국민 훈남 박지성, 일본 요미우리의 4번 타자 이승엽 선수 등으로 이어져 이들은 한결같이 국민에게 큰 서광을 비추어주었습니다.

지금도 그 어느 시기보다 국민들이 힘들어 하고 고통스러워 하는 어려운 시기입니다. 특히 경제적인 면이나 정치적인 면에서 더욱 그러합니다. 희망을 걸었던 곳에서 좌절과 절망을 맛볼 때마다, 국민들의 시름은 더욱 깊어만 가고 있습니다. 지금의 이 시점이 우리 국민에겐 새로운 영웅의 탄생을 간절히 소망하게 되는 그런 순간인 것 같습니다.

앞집의 아저씨, 건너편의 아줌마, 한때 장애를 겪은 적이 있는 저 건너편 동네의 형 등이 상상을 능가하는 모습을 보여줄 적마다 감동합니다. 이는 우리에게 감동을 주고, 좌절을 박차고 일어나게 하며, 역경의 그림자를 걷어내고 높은 창공의 찬란한 태양을 향해 한 발짝씩 나아가는 용기와 인내를 갖게 합니다. 누군가 말하였습니다. "인간은 배가 고파서 죽는 것이 아니라 죽고 싶어서 죽는다."는 말이 떠오릅니다.

우리가 이 시대의 영웅을 좋아하는 이유는 '나와 별반 차이가 없다.' 라는 유사성 때문일 것입니다. 내가 할 수도 없고, 내가 가지지도 않은 것을 가진 자가 영웅이 된다면, 우리는 영웅은 태어나는 것이기에 나와 무관하다고 생각해 버릴 것입니다. 하지만 현대적 영웅의 특성은 바로 영웅이 저 멀리 있는 것이 아니라 내 주변에, 더 정확하게 말하면 내안에, 구체적으로 말하면 나도 영웅이 될 수 있다는 점일 것입니다.

## ★ 참 영웅과 동참하는 아름다운 당신

지금의 시대는 영웅이 어느 날 갑자기 나타나는 것이 아니라 우리가 원하는 영웅을 우리가 만들어간다는 말이 정확할 것입니다. 그렇습니다. 눈을 조금만 돌리면, 우린 여기저기에서 진정한 영웅들을 손쉽게 찾아볼 수 있을 것입니다.

비가 오나 눈이 오나 어떤 상황에서든 한결같이 아침 6시에 기상하여 가족들의 아침밥을 챙겨주는 주부들, 묵묵히 주어진 업무를 마치 두꺼비처럼 굳세게 지키는 돌쇠같은 아빠들, 친구들은 조기유학, 방학 캠프, 과외 등으로 바쁜데 이런 것에 아랑곳하지 않고 묵묵히 학교공부 충실하며 예습, 복습, 자율학습을 습관적으로 하는 아들, 딸들 등등 … 저는 이들이 바로 이 시대의 진정한 '참 영웅' 들이라 생각합니다.

여러분! 가정에서 진정으로 살아 숨쉬는 영웅들과 함께 생활하면서 한번도 "이들이 영웅이다."라는 생각을 하지 못하였습니다. 여러분의 일상에 조금만 눈을 돌리면 진정한 참 영웅들이 큰 바위처럼 버티고 있으니 이 얼마나 큰 축복입니까? 그들이 바로 우리가 어려움에 처했을 때마다 캄캄한 긴 터널을 헤쳐 나올 수 있게 하는 원동력입니다.

"현대인은 영웅을 먹고 산다."라는 말이 있습니다. 급변하는 불확실한 시대에는 영웅 없이 개인이든 기업이든 국가든 생존, 성장, 그리고 번영은 불가능한 것입니다. 여러분! 우리에게는 가정의 참 영웅이 버티고 있고, 직장에서는 여기저기 부서에서 맡은 업무를 우직하게 처리하는 참 영웅들이 활약하고 있지 않습니까?

남은 유일의 과제는 우리 주변에 있는 진정한 '참 영웅'들을 바르게 알아보고, 그 참 영웅들이 펼치는 활약상에 함께 동참하며, 그들이 이룩한 진한 감동들을 함께 공유하려는 마음과 행동을 갖는 것입니다. 마치 거리축제처럼 말입니다. 우리가 매일 어떤 축제에 초대되어 참 영웅들의 활약상을 함께 공유한다는 생각을 하면, 어떤 고난이 있어도 결코 좌절하거나 포기하지 않을 것입니다. 바로 우리가 그 축제의 주체자이자 '참 영웅'이기 때문입니다.

# 위기에 '기본이 된 사람'이 통한다

남에게 의지하면 실망하는 수가 많다. 새는 자기의 날개로 날고 있
다. 따라서 사람도 스스로 자기의 날개로 날아야 한다.      … 르낭

## ✹ 실패의 덫과 성공의 닻

제가 좋아하는 후배교수 중에 아주 멋진 제자 고르기 안목을 가진
분이 있습니다. 이 분의 방법은 특별하기보다 듣는 이 모두가 '아! 그
것' 할 정도로 너무 심플한 것입니다. 고스톱을 한 번 쳐보면, 제자감
의 인성을 가졌는지, 배짱, 끈기, 포부, 매너 등을 쉽게 간파할 수 있
다는 것입니다. 심지어 배신 여부까지도 단숨에 파악할 수 있다는 주
장입니다.

후배교수는 이 방법을 가지고 파악이 안 되면, 식당에 데리고 가보

면 알 수 있다고 합니다. 제자감이 아닌 자는 꼭 주문할 때마다 일일이 교수에게 물어보고 주문한다는 것입니다. 심지어 밥 한 그릇 더 먹어도 되는지의 여부도 물어본다는 것입니다. 한마디로 주인 의식이 없다는 것입니다. 무엇이든지 타인에게 의존하고 따르겠다는 것입니다. 이런 인물에게는 큰일은 맡길 수도 없고 작은 일이라도 안심하고 맡길 수 없다는 것입니다. 이 분의 제자 선택법이 반드시 옳다고 할 수 없지만, 수긍이 가는 대목이 있습니다.

저도 나름대로 두 가지 기준을 가지고 있습니다. 그 하나는 상대방을 위해 자신의 원칙을 잠시 유예할 수 있는, 즉 '자신의 잔을 비울 수 있는' 유연성 자질입니다. "일요일은 절대 안 됩니다. 술은 절대 마실 수 없습니다. 그것은 절대 할 수 없습니다."라고 '절대'가 반드시 붙어 다니는 사람은 일단 제자후보군의 우선순위에서 멀어집니다. 이치는 간단합니다. 지금의 절대론자들은 결코 미래의 절대적인 존재로 성장할 수 없다는 것입니다. 모든 가능성을 열어놓고 순종이 아닌 순응하는 자세가 발전가능한 자들이 갖는 일반적 속성이기 때문입니다.

저는 두 번째가 더 중요하다고 봅니다. 인간의 삶에서 가져야 할 가장 기본적인 것으로 '타인의 존재를 인정하지 않는 나 존재'란 없다는 믿음입니다. 일반인들은 자신의 능력, 경력, 실력, 학력, 배경 등이 원하는 성공의 지름길이라고 봅니다. 사실 이들은 도움은커녕 방해요인이 되거나 자칫 잘못하면 장애요인이 될 수도 있습니다. 자기에게만 충직한 사람은 얼핏 보기엔 줏대가 있고 의지가 강한 것처



0세부터 글로벌 유전인자를 개발하라

럼 보이지만, 결코 자아를 넘어 타인을 위해 진화할 수 없는 자들입니다. 타인의 존재를 인정하지 않는 '나'란 결코 존재하지 않는다는 간단한 이치를 아는 것이 훌륭한 지도자의 출발점이 됩니다.


## ✽ 일상의 소소함에서 느끼는 감동의 물결


저는 '기본'이 된 사람인가에 대해 관심이 많습니다. 지금의 시대는 기본에 충실한 자가 모든 사람들의 사랑과 행복을 듬뿍 받을 수 있는 그러한 시대입니다. 그런데도 아직 우리 주변에서는 이 기본을 대수롭지 않게 여기는 사람들이 많이 있는 것 같습니다.

그렇다면 '기본'이 된 사람이란 어떤 사람일까요? 유아교육 분야에서는 '기본생활습관'이란 용어가 있습니다. 여기에는 예절, 질서, 청결, 절제의 네 가지 덕목이 속합니다. 어떤 학자들은 "유아기 교육목적이 기본생활습관 형성이며, 이것이 인간교육의 바탕이다."라고 주장하기도 합니다.

저는 한 걸음 더 나아가 이 네 가지 덕목만 유아기에 완벽하게 익히면, 누구든 성공적인 삶을 살 수 있다고 확신합니다. 물론 유아기에 형성해야 할 인지능력, 정서능력, 사회성능력, 언어능력, 신체능력 등을 가볍게 여기는 것은 결코 아닙니다. 지금 이 시대는 상대방을 수용하고, 배려하며, 나아가 상대방의 성공을 기대하는 사람이 성공가도를 달릴 수 있다는 것입니다.

부모교육 수업시간에 자주 학생들에게 이런 말을 하였습니다. 부부간에 이념, 철학, 가치가 서로 달라 갈라서는 경우는 거의 없다고 말입니다. 아주 사소한 일로 다시 말해 '기본이 안 된 일'로 인하여 이혼으로 이어지는 경우가 허다하다는 것입니다. 일상의 소소한 작은 일들에서 상대방을 배려하는 향기가 물씬 묻어나오는 법이랍니다. 식당에서 상대방이 수저를 놓으면 잔에 물을 따른다든가, 상대방의 메뉴주문이 끝날 때까지 기다렸다가 주문을 한다든가, 햇빛이 정면에서 비추면 자리를 바꿔 앉는다든가 하는 등 그런 일상의 소소함에서 우리는 큰 감동을 받습니다.

수업시간에 교육용으로 자주 보여주었던 〈장미전쟁〉이란 영화가 있습니다. 마이클 더글라스와 캐서린 터너가 주인공으로 나온 영화로도 유명합니다.


어느 해변의 도시에서 법학도인 남자와 무용학도인 여자가 우연히 만나 하룻밤을 지낸 후 무일푼으로 결혼을 합니다. 서로 근검절약하고 열심히 살아 두 자녀 모두를 일류대학교에 입학시키고 큰 저택도 마련하였습니다.

부인은 이제야 자아실현을 할 때라 여기고 자신이 좋아하는 요리품평회를 열자 주변의 친구, 친지들로부터 큰 호평을 받게 되며, 작은 사업을 해보겠다는 결심을 합니다. 변호사인 남편에게 요식업 사업계획서를 보여주면서 조언을 부탁합니다. 부인이 일하려는 것이 못마땅한 남편은 차일피일 미룹니다.

그러던 어느 날 남편은 부인의 사업계획서로 파리를 잡고 이것을 본 부인은 크게 분노를 느낍니다. 기본도 안 된 남편으로 인해 삶에 큰 회의를 느끼고 결별을 결심하게 되자, 서로 처절한 법정, 감정싸움이 전개됩니다. 그리고 결국에는 둘 다 죽음을 맞이하게 됩니다.

정말 그렇습니다. 철학이 달라서도, 이념이 달라서도, 가치가 달라서도 아닙니다. 서로에 대한 사랑이 식어서는 더욱 아닙니다. 한 가지 분명한 것은 상대방에 대한 기본을 무시하는 행위가 엄청난 대가, 즉 생명의 파멸로 귀결되는 것입니다.

## ★ 성공의 네비게이션 – 기본! 기본! 기본!

얼마 전, "더 좋은 일자리를 원하면, 직장 내 평판을 관리하라!"라는 타이틀을 붙인 신문기사를 보았습니다. 그 타이틀이 마음에 쏙 들었습니다. 유앤파트너즈사의 대표 유순신 사장의 말입니다. 요즘 젊은이들은 실력, 경력, 자격 등 이력들이 너무 빵빵하므로, 심층면접을 통해서 전문성 이외에 '기본을 갖춘 자인지 여부'를 확인한다고 합니다. 세계적 기업인 구글도 17번 정도 면접을 통해 '기본이 된 인재'를 발굴한다고 합니다.

　기업주들의 한결같은 주장은 기본을 잘 지키지 않는 사람들에 의해 발생하는 기업의 파생손비가 연간 엄청나다는 것입니다. 예를 들면, 출퇴근 시간을 엄수하지 않는 사람, 근무 중 개인 업무를 보는 사람, 인터넷 게임을 즐기는 사람, 전화통에 매달려 있는 사람, 화장실에서 신문을 보는 사람, 회사 돈으로 커피를 사먹는 사람, 직장공간을 안방처럼 착각하는 사람, 메신저로 수다를 떠는 사람 등 그 사소한 예는 수없이 많아 모두 다 열거할 수 없을 것입니다.

　한국개발연구원의 분석에 따르면, 직장인이 기본만 잘 갖추어도 한국 경제성장률은 연 1퍼센트 정도 올릴 수 있다고 합니다. 몇 년 전에 홍콩의 시티대학교에서 부하직원을 대상으로 가장 싫어하는 상사 유형을 조사한 바 있었습니다. 가장 싫어하는 유형은 '기본이 안 된' 상사였습니다. 퇴근시간쯤 꼭 일을 시키는 상사, 걸핏하면 커피 심부름을 시키는 상사, 궂은 일은 직원들에게 시키고 생색만 내는 상사, 도움 되는 일은 자기가 먼저 차지하는 상사, 직원의 프라이버시를 무시하는 상사, 속이 좁아 감정의 굴곡이 심한 상사 등 입니다.

## ★ 행복하고 아름다운 이기주의자

한 가지 확신이 있습니다. 타인에 대한 존경도, 타인에 대한 배려도 결국에는 그것의 진정한 목표는 자신을 위한 것입니다. 결코 타인만을 위한 것이 아니며, 메아리 없는 산울림이 아닙니다. 우리가 대한민국 시민임을 자부한다면, 개인적으로 싫든 좋든 대통령을 존중해야 한다고 봅니다. 대통령은 국가의 상징이요, 대표이기 때문입니다.

직장에서도 마찬가지입니다. 자기의 상사를 존경하고 배려하는 것은 그럴만한 인물이거나 자격을 갖추었기 때문만은 아니라는 것입니다. 물론 그만한 자격을 갖춘 자가 상사라면 다행이지만, 그러하지 않은 경우가 대다수일 것입니다. 자신이 다니는 직장에 자부심을 가지려면, 불가피한 선택이라는 점입니다.

직장의 상사 역시 명심해야 할 것이 있습니다. 부하직원을 존중하고 배려하는 마음은 본인의 경제적 여유, 업무관장 능력, 파워에서 나오는 것이 되어서는 안 될 것입니다. 상사라는 이유가 되어서는 더욱 안 될 것입니다. 고객의 사랑을 받는 기업이 되려면, 사원의 사랑에서부터 출발해야 한다고 봅니다. 사원의 사랑이 없는 기업이 결코 고객만족이나 고객사랑을 얻을 수 없을 것입니다.

스타벅스 슐츠 회장의 성공신화는 바로 "직원이 행복해야 고객도 행복합니다."라는 것에서 비롯되었습니다. 커피를 서빙하는 직원에 투자함으로써 충성고객을 만들 수 있었던 것입니다. 슐츠 회장은 "회사의 최고 우선순위는 직원만족입니다. 그 다음 순위는 고객만족입니다. 직원이 행복하면, 고객도 행복합니다. 직원이 고객을 잘 대하면, 고객은 다시 찾아올 것이고, 바로 이것이 사업수익의 진정한 원천입니다."라고 하였습니다.

슐츠의 성공신화도 자세히 보면, 지극히 간단합니다. 기본에 충실한 것 그 이상도 이하도 아니라는 것입니다. 직원의 사랑에서 비롯된 것입니다. 파트타임 직원까지도 스톡옵션과 4대 보험의 혜택을 제공합니다. 회사가 직원을, 직원이 고객을 사랑합니다. 상대방에 대한 배려란 자신의 행복을 상대방과 나누고자 하는 마음에서 비롯됩니다.

전래동화 한 토막입니다. 남편을 찾아온 귀한 친구를 대접하기 위해 부인은 자신의 머리를 잘라 팔아 술상을 차렸습니다. 남편의 친구를 대접할 수 있다는 것이 아내는 기뻤습니다. 그 자초지종을 알고 감동한 남편은 온 힘을 다해 과거에서 장원급제로 아내에게 보답하였습니다.

그렇습니다. 자신이 먼저 배려하겠다는 마음 없이는 상대방은 결코 온몸을 불사르는 충성을 결코 보여주지 않습니다. 회사는 직원을 먼저 배려하고, 직원은 고객을 먼저 배려해야 합니다. 그래야 충성고객이 만들어지고 평생고객이 만들어집니다.

닭이 먼저냐? 계란이 먼저냐? 하는 논쟁은 무의미하다고 봅니다. 총체적 위기에는 그 위기의 가장 한가운데 있는 축, 그 조직의 주체에 있는 축이 먼저 상대방을 배려하고 그 불씨를 붙여나가야 한다고 봅니다. 상대방이 하는 것을 봐가면서, 자신의 봉사 정도를 결정하는 식이 되어서도 안 되며, 자신이 먼저 이러한 희생과 봉사를 보이면 상대방이 어떤 희생과 봉사를 보일 것인가를 확인한 후에 하겠다는 식이 되어서도 결코 안 될 것입니다.

누가, 어떤 이유로 먼저 시작하든 '우리 회사' 라는 의식을 갖고 출발하고 그것이 자연스럽게 하나의 흐름처럼 조직의 대세를 이룰 수 있었으면 합니다. 평상시에는 음료수를 찾는 사람은 그 물이 메이커 생수냐, 미네랄이 함유된 생수냐, 지하 몇 미터 암반수냐 등을 따져가면서 마실 물 종류를 선택하려 할 것입니다. 이러한 선택은 여유가 있을 때 가능한 이야기 입니다. 물이 부족할 경우에는 그 물의 품질을 따져서 선택할 여유가 없는 것입니다.

기업의 생존도 마찬가지입니다. 기업이 없으면, 회장도 사장도 없고 직원도 없을 것입니다. 직원도 회장도 함께 기업을 걱정해야 할 시기라고 봅니다. 그 시작은 멀리서가 아니라 가까운 데서, 고통을 함께 분담하겠다는 마음에서 출발해야 합니다. 무엇보다 상대방을 배려하겠다는 마음에서 시작해야 합니다. 이제 남은 과제는 먼저 상대방 배려를 시작으로, 진정으로 상대방에 대한 사랑을 행동으로 보여주는 것입니다.

이는 결코 솔로몬게임이 되어서는 안 될 것입니다. 먼저, 누가 상대방 배려를 위한 손을 내밀 수 있는 파격적인 배려가 시작되어야 합니다. 개인이든 기업이든 그 역사를 보면, 갖고서 시작한 곳은 아무 곳도 없습니다. 갖기 위해, 시작하였다는 표현이 정직할 것입니다. 지금도 그렇다고 보면 됩니다. 선비의 아내처럼 자신을 희생하는 상대방에 대한 배려는 상대방의 생사를 건 배려로 회답이 되돌아오는 것입니다.

미래를 미리 예단하고 주저앉는 자가 되기보다 우직한 자가 되어 묵묵히 지금의 자리에서 상대방을 배려할 수 있는 것에 대해 궁리하는 마음이 필요합니다.

누군가 "부족해서 나누어 먹을 것이 없는 것이 아니라 나누어 먹을 줄 몰라서 부족하게 된다."고 하였습니다. 기본이 된 사람은 자신이 부족할 때라도 상대방이 진정으로 원하는 것을 배려할 수 있는 사람입니다. 지금 우리 모두 상대방에게 배려의 참 향기를 보여줄 적기라고 봅니다. 우리 모두가 생존을 찍고, 성장을 넘어, 지평선 넘어 번영의 고지로 향하려면 말입니다.

# 나의 머무는 곳이 인생의 배움터전

그대의 마음이 있는 곳에 그대의 보물이 있다는 사실은 잊지 말게.
... 코엘료

저는 목동아파트에 22년째 살고 있습니다. 지금은 서울에서 강남 만큼 살기 좋은 여건을 갖추어 사람들이 선망하는 동네가 되었지만, 목동신시가지 개발 당시는 가장 살기가 불편한 곳이었습니다. 저는 목동아파트의 터줏대감인 셈입니다. 목동신시가지에 위치한 목동아파트는 서울에서 흔히 볼 수 있는 거대한 아파트 밀집지역이지만, 비교적 넉넉한 공원, 야외 음악당, 산책로, 운동장, 자전거 전용도로, 간이 운동장, 그리고 다양한 휴식공간이 골고루 갖추어져 있습니다.

서울에서 문화와 교육여건이 가장 잘 갖추어져 있어 2030세대들이 자녀교육 때문에 가장 살고 싶어 하는 지역이기도 합니다. 저는 이보다 아파트의 동과 동 사이의 넉넉함, 울창하게 잘 조성된 조경 등이 마음에 꼭 들어 아직도 머물고 있습니다.

## ⭐ 자연풍 '휘트니스 클럽'

서울 목동신시가지 아파트에 위치한 '신트리공원'에 대해 말하고자 합니다. 목동에는 인공으로 조성된 대단위 공원인 파리공원, 양천공원, 그리고 신트리공원이 있습니다. 저는 목동아파트의 원조1세대에 속합니다. 아파트가 처음 조성될 당시부터(1987년) 지금까지 이곳에서 살고 있습니다. 신트리공원은 제가 거주하는 아파트 바로 옆에 위치한 공원입니다. 새벽과 저녁에 신트리공원에서 산책과 운동을 즐깁니다. 다른 공원보다 이 공원을 운동코스로 이용하는 것은 집과 가깝다는 이유 빼고는 특별한 이유가 없습니다.

공원의 산책로를 속보로 10바퀴 정도 반복하여 걷습니다. 이 정도의 운동량이 하루의 최적량 운동량이라 생각하고 그동안 이것이 저의 젊음유지의 유일한 비결이라 여겼습니다. 다른 사람들도 저처럼 생각하는 것 같습니다. 한 바퀴의 거리는 약 400미터이며, 속보로 10바퀴를 반복 돌면 약 45분 정도 걸립니다. 저의 집사람은 속보가 아닌 조깅달리기로 20바퀴 돌아야 적정 운동량이라 생각하는 것 같습니다. 저는 이 정도의 운동량에 만족해 합니다. 안타깝게도 이마저도 매일 하지 못해 아쉬워 하지만 시간이 나면 이것만은 꼭 하려고 다짐합니다.

요즘 젊은 층에 인기 있는 휘트니스 클럽보다 이곳이 무척 좋습니다. 그 이유는 밀폐된 공간에서 옆 사람과 경쟁하지 않고 자유스럽게 원하는 운동을 할 수 있는 점도 그렇고, 무엇보다 돈이 전혀 들지 않는 점 때문입니다. 순수한 자연공원이 아닌 조경공원이긴 하지만 밀폐된 휘트니스 공간과 비견될 수 없습니다.

이곳에서는 살아서 숨을 쉬는 생동감을 맛 볼 수 있습니다. 이곳을 사랑하는 진짜 이유는 이곳이 인간사를 한 곳에 모아 놓은 '세상사의 축소판' 같다는 생각 때문입니다. 출근 전 아침 시간대나 퇴근 후 저

녁시간 대에 이곳은 마을운동회를 방불할 정도로 북적북적 거립니다. 모든 사람들이 약속이라 한 듯 한 방향으로 속보나 달리기를 합니다. 그 속의 저가 좋습니다.


## ✿ 이곳에서 세상을 만나다!

이 공원에 오는 사람들도 다원화 되어가는 것 같습니다. 나이도(유치원 또래에서 80대 중반), 직업도, 성별도, 국적도 정말 다양합니다. 우리가 생존하는 세상의 축소판 그 자체라고 할 수 있습니다. 여기서 세상을 한 눈에 보는 듯한 묘한 기분에 젖을 때가 많습니다.

목표를 정해 걷는 사람에서 기분 나는 대로 걷는 사람, 뛰는 사람에서 겨우 걸음을 옮기는 사람, 함께 무리지어 걷는 사람에서 혼자 걷는 사람, 무언가 열심히 옆사람과 대화하면서 걷는 사람에서 묵묵히 말없이 혼자 걷는 사람, 화려한 옷맵시를 과시하며 걷는 사람에서 간편한 트레이닝복 차림으로 걷는 사람, 걷는 일만 올인하는 사람에서 여기저기 설치된 운동기구를 시도해보는 사람, 한결같이 정한 운동만 하는 사람에서 걷다가 속보하다 달리다가 토끼 뜀박질까지 하는 사람, 앞뒤좌우에서 운동하는 사람을 배려하며 예의바르게 걷는 사람에서 전세 낸 것처럼 자기마음대로 휘젓고 다니는 사람 등등 … 천차만별입니다.

그리고 또 있습니다. 눈이 오나 비가 오나 한결같이 나오는 사람에서 시계추처럼 나왔다 안나왔다 하는 사람, 모임의 장소로 활용하는 사람들에서 단순히 운동만 하는 사람, 핸드폰으로 전화하면서 걷는 사람에서 걷기만 하는 사람, 항상 앞사람의 뒤통수를 쳐다보고 걷는 사람에서 다른 사람의 걷는 모습을 곁눈질하면서 걷는 사람, 운동만 하고 귀가하는 사람에서 꼭 이곳에서 세수와 용변을 보는 사람, 말없이 걷는 사람에서 이상한 괴성을 지르며 걷는 사람, 무례하게 방귀를 뀌거나 가래를 뱉으면서 걷는 사람에서 손수건이나 휴지를 지참하여 사용하는 사람 등등 … 그 경우를 다 나열할 수 없을 정도로 다양함을 짐작할 수 있을 것입니다.

세상사를 한폭의 수채화에 담아놓은 것 같습니다. 어떤 인생을 살고 있는지, 어떤 목표와 가치를 갖고 있는지, 어떤 인격의 소지자인지, 어떤 삶을 갈구하는지, 이 모두를 이곳에서 한 눈에 볼 수 있어 좋습니다. 어렵사리 문학 서적이나 교양 서적의 책갈피를 애써 넘길 필요 없이 이곳에서 다 만날 수 있어 좋습니다. 어린 아이들의 이유 없는 맑은 눈빛, 인생의 끝자락에 우뚝 선 성숙인의 사심 없는 고운 눈빛, 세상의 경륜이 물씬 풍겨나는 주름살 넘어 샛별처럼 빤작이는 총기어린 눈빛 등등 … 무엇보다 이들의 눈빛들이 아침햇살보다 더 맑고 밝아 좋습니다. 비 온 뒤 잎사귀에 맺힌 물방울이 아침햇살을 받아 영롱하게 빤짝이는 것보다 더 아름다워 좋습니다.

이런 눈빛들도 보입니다. 탐욕의 눈빛, 욕망의 눈빛, 좌절의 눈빛,

복수의 눈빛, 집념의 눈빛, 살생의 눈빛, 질투의 눈빛, 멸시의 눈빛, 권위의 눈빛 등등 … 이들의 눈빛들과도 멀리하고 싶지 않습니다. 왜 내고요? 이들의 눈빛들은 살아있음을 확신시켜주는 생존경쟁의 눈빛 이기 때문입니다. 치열한 생존과 경쟁의 생업전쟁터가 아닌 집 옆의 공원에서 세상사를 한눈에 봅니다.

그 속에서 세상사를 보는 법을 배우고 극복하는 법을 깨우치는 영광을 매일 누립니다. 그들 속에서 나를 느끼고, 그들도 나를 통하여 자신을 반추할 것입니다. 그래서 공평합니다. 바쁘다는 핑계로 이곳을 규칙적으로 찾지 못하지만, 가능한 이곳을 꼭 가려고 애쓰는 이유가 여기에 있습니다.


## ★ 너 자신을 알라

언제부터인가 난 낯익은 사람이 보이지 않으면, 한참을 두리번두리번 찾다가 그래도 보이지 않으면 그 허전함과 아쉬움이 하루를 짓누릅니다. 그 때마다 내일에는 '볼 수 있겠지' 하는 '꿈'을 갖게 되었습니다. '꿈' 하니까 문득 월트 디즈니가 떠오릅니다. 그는 "꿈을 꾸고 이루고 나누어 꿈으로 하나 되는 세상"인 꿈의 소중함을 담은 디즈니 세상을 창조한 사람입니다.

그와 관련된 에피소드가 있습니다. 세상 어린이에게 꿈을 심어주겠다는 뜻으로 세운 디즈니랜드가 개장하기 전에 월트 디즈니는 세상을 떠났습니다. 한 임원이 디즈니랜드를 둘려보는 미망인에게 "여사님, 월트 디즈니 씨가 이 장면을 보았으면 얼마나 좋아하였을까요."라고 말하자. 미망인은 "그는 이 모습을 이미 보았을 것입니다. 그래서 이곳에 디즈니랜드가 건립된 것이지요."라고 대답하였다고 합니다. 이 미망인의 말이 정말로 공감이 갑니다.

우리는 배움을 주는 장소와 배움을 주는 사람이 별도로 정해져 있다고 생각하기 쉽습니다. 학원이나 학교에 가야만 원하는 지식과 기능을 배울 수 있다고 말입니다. 나보다 박식한 사람과 함께 해야 필요한 지식을 배울 수 있다고 생각합니다. 그래서인지 자신의 바로 앞자리에, 옆자리에, 뒷자리에, 심지어 매일 커피를 나누거나 소주잔을 함께하는 그 곳에 배움과 스승이 실재實在함을 망각하고 살아가고 있는 것입니다.

항상 앞사람보다, 옆사람보다, 뒷사람보다 경쟁에서 앞서야 한다는 생각을 가지면서, 그들로부터 직접 배우려하지 않을 뿐 아니라, 오히려 그들을 무시하거나 무관심하게 대합니다. 경쟁 대상자가 아닌 박식한 사람이나 전문장소에서 지식을 배운다고 하여 경쟁자들을 반드시 이긴다는 보장도 없는데도 말입니다.

일본에서 '경영의 신'이라 불리는 마쓰시타 전기공업사의 창업주인 마쓰시타 회장은 자신의 성공비결 세 가지를 다음과 같이 자주 말하였다고 합니다. 그는 이 세 가지를 하느님이 주신 은혜 즉, '신의 선물'이라고 하였습니다.

첫째, 집이 몹시 가난해서 어릴 적부터 구두닦이, 신문팔이와 같은 고생을 하였고, 이를 통해 세상을 살아가는데 필요한 경험을 많이 얻게 되었습니다.

둘째, 태어났을 때부터 몸이 몹시 약해서 항상 운동에 힘썼으므로 늙어도 건강하게 지낼 수 있었습니다.

셋째, 초등학교도 못 다녔기 때문에 세상 모든 사람들을 스승삼아 질문하고 열심히 배우는 일을 죽을 때까지 게을리 하지 않았습니다.

세계적 부호 워렌 버핏이 주주총회에 참석한 한 10대 소녀로부터 "좋은 투자가의 길이 무엇입니까?"라는 질문을 받자 그 대답으로 "절대 남에게 빚지지 말라!"라고 말하였습니다. 모르긴 해도 세계의 부호, 주식투자의 귀재란 화려한 수식어가 붙어 다니는 버핏의 오늘은 그의 어두운 유년시절 남에게 빚진 쓰라린 아픔의 교훈이 있었기에 가능한 것이 아니었는가 생각됩니다.


## ★ 실수와 실패를 사랑하자!

인생의 성공은 '실수와 실패 나무'의 열매라고 생각합니다. 성공의 길만을 가려하기에 실패와 실수를 모두가 두려워합니다. 남보다 앞선 길, 빠른 길, 쉬운 길, 효과적인 길만을 찾게 되는 셈입니다. 결과



0세부터 글로벌 유전인자를 개발하라

적으로 성공하지 못합니다. 실수 없이, 시행착오 없이 성공의 열매를 딸 수 있을까요? 실수, 실패, 시행착오 없이 이룬 성공을 진정으로 성취한 성공이라고 할 수 있을까요? 아마 그것은 요행 아니면, 로또복권과 같은 행운에 지나지 않을 것입니다.

성공을 다지는 것은 계속적인 행운이 아니라 단 한 번의 실수가 아닐런지요. 실수야말로 진정한 성공을 가져오는 압축기와 같으며, 성공을 지탱하는 지렛대와 같다고 단언하고 싶습니다. 예외 없이 누구에게나 실수, 실패, 시행착오는 성공의 묘약일 것입니다. 이는 실패와 실수의 마법을 아는 자에게만 해당되는 전유물이 아닐 것입니다. 일반인에게도 실수, 실패, 시행착오는 좌절, 패배, 절망 등의 대명사가 아닌, 성공의 화신임에 분명합니다.

스위스의 아동 심리학자인 삐아제(Piaget)도 어린이의 인지성장은 시행착오와 실수의 경험에 의해 가능하다고 하였습니다. 이 과정을 통해 얻은 인지능력은 망각되지 않고 인간성장과 발달의 피와 살이 된다고 하였습니다. 인간의 인지능력은 기억력이 아니라 문제해결능력이므로 개인의 지능은 무한한 시행착오와 실수, 실패의 반복을 통해 무한대로 발달한다고 봅니다.

우리가 알고 있는 만 17~18세가 머리가 제일 좋다는 것은 사실이 아니라는 것입니다. 기억력이 지능도 아니며, 성공의 척도도 아니라는 것입니다. 삶에 필요한 정보, 옆에 있는 자에게 도움을 주는 정보를 기억하는 것은 분명 유용한 지능이지만, 반대로 삶에 무관하거나 불필요한 것을 많이 기억하는 것은 지능이 아닙니다. "한 살 더 먹을수록 철이 든다."라는 말이 있습니다. 이 철이 바로 삐아제가 말하는 인간의 참지능인 것입니다. 이 참지능은 실수, 실패, 그리고 시행착오에 의해 터득되는 것입니다.

성공한 사람과 실패한 사람의 차이는 종이 한 장 차이 정도로 미세할 것입니다. 성공한 사람은 실패와 실수를 두려워하지 않고 실패한 사람은 이를 두려워하여 피하려 한 자일 것입니다. 실패한 사람은 항상 소심하게 실수와 실패의 빈도와 강도를 줄이는 일에만 촉각을 곤두세우기 마련입니다. 실패한 사람은 작은 실수, 대수롭지 않은 잘못도 결코 인정하지 않으려하는 사람입니다. 반대로 성공한 사람은 나의 실패도 남의 실패도 나의 성공의 소중한 교훈으로 삼는 대범한 사람입니다.

레빗이 쓴 〈괴짜경제학 플러스〉에서 인용된 '펠드만 베이글'의 예가 그 좋은 본보기라고 생각합니다. 회사원들이 잠시 쉬는 시간에 간식으로 배치한 무인 베이글 판매대가 중역실 층과 일반사원 층에 설치하여 두었습니다. 그런데 중역실 층이 일반사원 층보다 공짜로 먹는 수가 많았다고 하였습니다. 중역은 성공한 사람 쪽에 속하고 일반사원은 앞으로 성공해야 할 사람 쪽에 속합니다.

이론상으로 이미 성공한 사람보다 앞으로 성공할 일반사원들이 실수, 실패, 그리고 시행착오 등의 잘못을 더 많이 해야 할 것입니다. 왜냐하면 누구든 성장과 발달을 위해 실수를 범하기 마련입니다. 결과는 중역들은 작은 실수(예, 공짜 빵 먹기)에 매우 관용적이며, 반대로 일반사원은 사소한 실수나 잘못에 대해서도 매우 엄격하다는 것입니다.

누구든 자랑삼아 실수하는 사람이 어디 있겠습니까? 우리가 경계해야 할 대상은 실수와 실패를 하지 않겠다는 강박현상일 것입니다. 결국 이는 성공하지 않겠다는 것이고 성장과 발달을 하지 않겠다는 것이기도 합니다. 실수, 실패, 그리고 시행착오 등의 잘못을 두려워하거나 무서워하지 않겠다는 자세가 인생성공의 관건이라고 생각합니다. 신생아나 영아의 걸음마 배우기 과정에서 우린 '시행착오', '실수'란 교훈을 직접 체득하게 됩니다. 이 영아가 반복하여 넘어지는 것을 두려워하거나 그것을 보는 부모가 부끄러워하는 경우가 어디 있습니까? 모두가 찬사를 보내고 격려를 보냅니다.

우린 오늘부터라도 한번쯤 친하지 않는 후배에게, 친하지 않는 선배에게, 사랑하지 않는 직원에게, 존경하지 않는 중역에게, 마치 실수하듯이 '친한 척', '사랑하듯', '존경하듯' 대하여 봅시다. 그것이 자신에게 어떤 모습으로 되돌아오는지를 확인하여 봅시다. 두려움 없이 우왕좌왕 부딪치는 활기찬 실수를 만들어 봅시다. 이런 곳에 인간의 생동이 넘치는 곳이고 이런 속에서 인간의 무한한 진화가 시작될 것입니다.

# 살맛나는 하루

인생은 경주가 아니야. 누가 1등으로 들어오느냐로 성공을 따지는
경기가 아니지. 네가 얼마나 의미 있고 행복한 시간을 보냈느냐가
바로 인생의 성공 열쇠란다.                                  ... 킹

요즘 여기저기에서 "죽겠다, 못살겠다, 힘들다."라는 말들을 쉽게
접할 수 있습니다. 10년 전의 IMF를 능가하는 어려움에 처한 것 같습
니다. 얼마 전 아가월드그룹 이석호 회장과 함께 강남의 호프집에 들
렀습니다. 평소라면 발 디딜 틈 없이 빼곡한 테이블과 테이블 사이로
곡예를 하듯이 드나드는 종업원의 잽싼 묘기를 볼 수 있는 그런 유명
한 호프집입니다. 그날은 3시간이 넘도록 두 테이블에만 손님이 자리
를 잡고 있었습니다. 불황이 실감나서 맥주마시는 흥이 나지 않았습
니다.

시중 일간지에는 "콘돔이 웃는다." 부제 아래 평소보다 콘돔 매출량이 3배 이상 늘었다는 기사가 실렸습니다. 전문가들은 불황의 예고로 콘돔의 판매량을 주시하고 있는 것 같습니다. 이유는 간단합니다. 불황이므로 출산계획을 미루려는 것과 불황스트레스를 성 쾌락으로 극복하려는 심리 때문이라는 것입니다.

대학 졸업을 앞둔 유명 사립대 재학생 K군이 수십 곳에 입사원서를 제출하였으나 모두 낙방하여, 불면증에 시달리고 있다고 합니다. 요즘 대학가엔 '트라우마(trauma) 세대'들이 등장하였다고 합니다. 트라우마란 외상 후 스트레스성 장애를 말하는 것으로서, 트라우마 세대란 중·고교 시절 외환위기를 맞아 부모의 실직이나 부도를 간접 경험하고 최근 미국 발 금융위기로 인한 취업대란에 맞닥뜨린 20대 중·후반을 지칭하는 신조어입니다.

## ★ 감성지능 바이러스

유치원에서 수업 전에 교사가 각 유아의 이름을 부르면, 유아는 자신의 오늘 감정지수를 나타내는 1~9 숫자 중 특정수를 정하여 대답하는 활동(숫자가 클수록 감정지수가 높음)이 있습니다. 수업 전에 교사가 유아의 감정지수를 안다는 것은 그만큼 그날 유아의 학습지도에 직접적인 영향을 미치기 때문에 중요합니다.

독자 여러분! 오늘 여러분의 감성지수는 몇인가요? 저는 가족의 그 날의 기상도는 엄마의 아침 기분기상도에 달려 있고, 각자의 하루 기상도는 그날 아침 각자의 감성지수에 의해 좌우된다고 생각합니다. 여러분도 저와 같은 생각이라고 믿습니다.

저는 가끔 출퇴근길에 지하철을 이용할 때가 있습니다. 대도시 출퇴근대의 러시아워의 지하철 상황, 특히 지하철의 중심축인 환승역에서의 혼잡함은 우리 모두 과히 짐작하고도 남음이 있을 것입니다. 저는 이런 최악의 상황에서도 '살맛나는 순간'을 느낄 때가 가끔 있어 행복합니다.

짧은 정차시간에 비좁은 인파 사이를 비집고 빠져나가야 할 그 순간이면, 누구든지 남의 발을 한 번쯤 밟게 됩니다. 그래도 높은 하이힐을 신은 예쁜 아가씨가 내 빤짝이는 새 구두 등을 사정없이 밟고 지나간다면 처음에는 인상을 찌푸리다가도 그녀가 죄송하다는 제스처로 수줍은 미소를 보이면 그 날은 마냥 기분이 상큼합니다. 이런 날은 여지없이 '산다는 것, 살아서 숨을 쉰다.'는 것이 즐겁습니다.

때때로 승용차로 출근하면서 겪는 경험도 있습니다. 아침 출근시간대에는 누가 1~2분 먼저 진입로에 들어서느냐에 따라 회사에 도착하는 시간이 최저 20~30분 정도 차이가 납니다. 어떤 운전자도 끼어드는 차를 진입시켜 주기를 꺼려합니다. 저도 끼어드는 차를 넣어주는 것을 좋아하지 않는 편이지만 가끔은 대단한 자비심을 발휘하여 끼어드는 차를 진입시켜 주기도 합니다. 그러면 진입한 차가 '감사함' 의 표시로 비상등을 '깜박깜박' 해주면, 그날도 역시 기분이 정말 상쾌합니다.

## ⭐ 배려는 성공의 아포리즘

제가 사는 아파트는 22년 된 15층 아파트라 엘리베이터의 속도가 매우 느리고 고장이 수시로 나서 엘리베이터를 타는 순간의 기분이 좋지만은 않습니다. 그러나 퇴근길에 몇 발짝 앞서가는 거주자가 제가 뒤에 따라가고 있는 것을 눈치 채고, 엘리베이터를 2~3초 세우고 기다려주면, 그 순간만은 '왕이 된 것' 과 같은 기분을 느낍니다. 그날 저녁만은 누가 어떤 귀찮은 일을 부탁해도 만사 '오케이' 입니다.

값비싼, 깜짝 놀랄 만한 선물이 아니라 인간미가 물씬 풍기는 작은 일에 감동을 받습니다. 연구실에 오는 시간에 맞추어 조교가 제가 즐겨 마시는 커피를 내려놓으면, 그날은 기분 좋은 커피향만큼 무조건 '에브리싱 오케이(Everything OK!)' 입니다. 현대인들은 상식과 달리 정말 '자신' 만을 끔찍하게 생각해주는 작은 정성과 배려에 금방 눈시울을 적시게 됩니다.

이를 기업의 경영전략에 비추어 생각해 보면 친절한 전화 한 통이, 공짜 미끼 상품 하나가, 영업 사원의 미소 하나가 그 기업의 흥망성쇠를 결정한다는 것입니다. 잘 알고 지내는 공인중개사는 저에게 그만의 경영비밀 한 가지를 일러줍니다. 정말 집을 제 가격, 제 때에 팔고 싶다면 구매 희망고객을 데리고 집을 둘러보러 갈 때에 맞춰서 집에서 빵을 굽는다든지, 집안을 은은한 커피향으로 가득 채우라는 것입니다. 그러면 그 집은 거의 백발백중 계약이 성사된다고 합니다. "설득은 마술이 아니라 과학이다."라는 〈설득의 심리학〉의 저자인 치알디니의 말이 떠오릅니다.

## ★ 디테일 사랑

요즘 저의 화두는 '사소한 것, 작은 것, 일상적인 것, 평범한 것, 단순한 것, 놓치기 쉬운 것' 등의 값어치에 관한 논의입니다. 즉 '디테일(detail)'의 무한한 가치에 모두 관심을 갖자는 것입니다. 병원 창업 성공신화의 주인공인 모 창업주의 성공비화는 간호사의 볼펜 한 자루 관리에서 시작되었다고 합니다. 볼펜 한 자루, 복사용지 1장, 전등 소등 1회, 휴지 1장, 수돗물 한 방울이 성공 CEO가 되느냐 실패 CEO가 되느냐의 분수령이 되는 셈입니다.

특히 최근의 불황에서 불필요한 것을 과감히 제거하는 거두절미去頭截尾 전략이 기업의 CEO들 사이에 주요 관심 사안으로 급부상하고 있습니다. 큰 호의보다 사소한 호의가 그것을 받는 사람의 가슴을 사로잡는다면 이 얼마나 엄청난 경영비법이 아니겠습니까?

프랑스의 작가인 귀스타브 플로베르의 이야기 한 소절을 옮겨보고 자 합니다.

화창한 금요일에 친구들이 몰려와 플로베르에게 주말에 야 외로 바람 쐬러 가자고 제안합니다. 그러자 그는 작품을 써야 하기 때문에 갈 수 없다고 합니다. 일요일에 친구들이 여행에 서 돌아왔을 때 그는 친구들에게 일을 많이 하여 기분이 좋다 고 자랑하며 친구들에게 원고를 보여줍니다. 친구들이 본 원고 는 처음의 그것과 달라진 것이 하나도 없었기에 무엇을 열심히 하였느냐고 플로베르에게 물었습니다. 그는 '그저께 쉼표(,)를 쌍반점(;)으로 바꾸었다가, 다시 오늘 쉼표(,)로 다시 바꾸었다 네. 자네들은 내가 얼마나 열심히 일을 하였는지 아는가?' 라고 말합니다. 모든 친구들은 멍하니 서로의 얼굴을 마주봅니다.

저는 마이클 레빈이 쓴 〈깨진 유리창 법칙(*Broken Window, Broken Business*)〉를 매우 즐겁게 읽었습니다. '깨진 유리창 법칙' 이 란 고객이 겪은 단 한 번의 불편한 경험, 한 명의 불친절한 사원, 매 장 벽의 벗겨진 페인트, 고급 레스토랑 테이블보의 음식 자국, 출판 물의 단 한 자의 오자 등 정말 사소한 한 가지가 어느 날 거대 기업을 파산으로 몰고 갈 수 있다는 것을 일깨워주는 경영서입니다. 이 책에 서 소개된 흥미로운 사례 몇 가지를 소개해봅니다.

### 사례 1

식당에 가서 화장실이 지저분하면, 고객은 금방 그 식당의 위생 상태를 의심하게 되고 다시는 그 식당에 가지 않습니다.

### 사례 2

회사에 상품문의 전화 또는 AS문의 전화를 했을 때, "지금 통화량이 많으니 다시 걸어 주십시오."라는 말만 반복된다면, 그 회사의 신뢰도는 그 순간 끝장이 납니다.

### 사례 3

미국의 타깃마트의 성공비화는 연말연시처럼 복잡한 시기에 계산대에서 손님이 대기하는 시간을 최소화하는 단 한 가지 해결책으로 고객의 마음을 얻었다는 것입니다.

미국의 세계적 자동차 회사인 GM, 포드, 크라이슬러 3사가 정부에 기업회생 구조기금을 간청하고 있습니다. 그러나 여론은 냉담합니다. 이 3사는 고객의 욕구와 상관없는 대형차를 만드는 것만 세계 최고라고 꼬집고 있습니다. 고객이 원하는 소형차를 만드는 기술은 확보하고 있지 않다는 혹평이 흘러나오고 있습니다.

### 사례 4

한 때 미국 공화당 대통령 후보로 유력시되었던 루돌프 줄리아니가 뉴욕시장으로 있을 때의 이야기입니다. 당시 뉴욕은 강력범죄가 연쇄적으로 발생하여 시민들이 불안에 떨고 있었고, 가장 거주를 꺼려하는 대도시라는 이미지를 갖고 있었습니다. 줄리아니는 정말 사소한 정책(지하철 무임승차, 낙서, 구걸행위 등의 경범죄를 강력 단속함) 하나로 강력 범죄를 근본적으로 퇴치하고 살기 좋은 도시로 탈바꿈시키는데 성공하였습니다. 이것이 줄리아니가 대통령 후보로 거론되는 결정적 계기가 된 것입니다.

위의 사례에서 알 수 있듯이 멋지고, 거창한 변화가 변혁을 일으키는 것이 아니라 사소하지만 신뢰에 바탕을 둔 변화가 필요한 것입니다. 한 가지만 예를 더 들어보겠습니다. 제가 살고 있는 목동아파트 부근 모 백화점 내에 그렇게 크지 않은 카페가 하나 있습니다. 그곳의 커피 맛도 일품이지만 다양한 신간서적이 진열된 코너도 있고, 또한 발목까지 담그고 피로를 풀 수 있는 스파도 있어 항상 사람들이 북적거립니다. 그 카페의 소소한 배려가 옆의 대형 최신시설을 갖춘 스타벅스와 차별화를 만들어냅니다.


## ★ 차별화를 겨냥하는 감동의 화살

글로벌 경쟁시대에는 제품의 품질에 의해 그 차별화를 인식하기란 매우 어렵습니다. 어떻게 보면, 고객의 민감한 요구, 본능, 충동, 그리고 감성 등 제품 이외의 고객서비스에서 차별화의 성패를 가늠하게 됩니다.

항상 고객을 생각하고 염려하는 '소중한, 소소한' 아이디어가 그 제품 또는 그 회사에 대한 신뢰로 이어지고, 이것이 고객으로부터 사랑받는 회사가 되는 것입니다. 이 시대는 기업이 경영주나 사원들의 소유가 아니라 고객의 소유가 될 때, 비로소 그 기업의 성공스토리를 계속 이어갈 것이고 글로벌 기업으로 성장하고 발전하게 됩니다.

오늘날의 기업은 경영주나 이사진의 경영전략이나 전술에 의해 기업의 성패가 좌우되기 보다는 최전방에서 고객을 직접 대하고 있는 영업사원에 의해 그 기업의 운명이 결정됩니다. 자신이 바로 기업의 오너라는 생각으로 모든 판단의 준거를 고객의 이익에 맞춘다면, 그 기업은 고객의 절대적 사랑을 받게 될 것입니다.

일류대학이 되려면, 일류 총장을 영입하는 것이 중요한 것이 아니라 일선에서 학생이나 부모를 대하는 일류 교수를 확보하는 길이 훨씬 빠른 첩경일 것입니다.

기업이든, 대학이든, 국가이든 "항상 수요자에게 감사한 마음을 갖고 그들이 있어 우리의 조직이 존재하고 성장한다."라는 생각을 가져야 합니다. 이제는 수요자의, 수요자에 의한, 수요자를 위한 성공, 행복, 그리고 안녕을 생각하는 그런 시대를 열어가야 하겠습니다.

# 훈훈함이 춤춘다!

우리는 행복이란 제품을 만들 수 있는 재료와 힘을 자신 속에 지니
고 있으면서도 기성품의 행복만을 찾고 있다.                    ... 알랭


## ★ 빤짝이는 벗보다 순수한 벗이 더 좋아

...

행복을 생각하니 행복이 느껴진다.

이젠 행복이 낯설지 않다.

사랑하는 이를 생각만 해도 행복이 솟구친다.

행복을 가슴 깊숙이 파묻어놓고

한세월 동안 밖에서 열심히 뒤적이며 살아왔다.

행복 찾기 지쳐 멈추자,

이미 그 행복이 가까이 와 있을 줄이야.

이 글은 '행복의 꿈, 꾸어도 되나요'라는 저의 시의 마지막 소절을 옮겨본 것입니다. 이 시는 누구든 매일매일 '귀하고, 값지고, 소중한 것'을 추구하며 살면서도, 그것들이 내 주변 가까이 있음을 모르고 마치 저 멀리 피안의 세계에 머물고 있는 것으로 착각하고 사는 현대인의 삶을 그려본 것입니다.

사람이 행복을 논의하는 순간 행복에서 이미 멀어져가고 있고, 불행을 논의하는 순간 이미 그 불행의 긴 터널을 빠져나와 행복진입로 접어들고 있음을 종종 발견합니다. 도종환 시인은 "내가 울면서 쓰지 않은 시는 남도 울면서 읽지 않는다."라고 하였습니다. 무엇보다 주변 가까이와의 공감을 절감하면서 살아야 되는 시대인 것 같습니다.

항상 사랑, 행복, 그리고 성공을 매몰차게 추구하면서 사는 사람들의 삶인데도 어느 한순간도 이들을 진정으로 즐기며 사는 사람을 찾아볼 수 없으니 말입니다. 한번쯤 잊고 지낸 벗, 한때 몹시 그리워했던 임, 한번쯤 감사를 표해야 할 스승, 한번쯤 용서를 구해야 할 동업자, 한번쯤 꼭 은혜를 갚아야 할 친지와 가족 등등 … 그 사람이 누구라도 좋습니다. 최후의 순간에만 사용하려고 가슴 깊숙이 꼭꼭 숨겨놓은 행복의 마술지팡이를 끄집어내어 주변 가까이 마음 가는 사람에게 행복 나눔의 이벤트를 기획하여 보지 않으시렵니까?

한 장의 엽서도 좋고, 한통의 전화도 좋고, 문자메시지 한방도 좋



0세부터 글로벌 유전인자를 개발하라

습니다. 조금의 시간과 약간의 경제적 여유가 허락한다면, 점심 한 끼, 아니면 퇴근길에 호프 한잔이면 그동안 겹겹이 싸이고 싸인 불행 타령들을 솜사탕처럼 녹일 수 있을 텐데 말입니다.

같은 하늘에 살면서 25년 동안이나 한 번도 만나지 못한 부산대학교의 정영홍 교수의 전화를 받은 적이 있었습니다. 전화의 첫마디가 "이유 불문하고 그동안 만나지 못한 것은 나의 잘못이요. 하지만 이 교수 그대는 그때도 그랬고 지금도 나를 안내해 줄 원죄를 갖고 있지 않소. 꼭 한번 봅시다." 그것이 전부이었습니다. 이 한통의 전화는 메마른 저를 일깨우는 계기가 되었습니다. 잠시나마 지내온 저의 삶의 과정과 방식을 송두리째 반추하게 만들었습니다. 순간적으로 이 친구가 정말 '참 벗'이구나 라는 생각이 들었습니다.

보탬이나 이익이 되면 만나고, 별 볼일 없으면 만날 일도 없는 것이 요즘 세상입니다. 세속에 '물들만큼 물이 들고도 남을' 그러한 나이에 이 친구는 아직도 그 '순수함'을 잃지 않았구나하는 생각이 들자, 그 순간 저는 행복에 젖고 말았습니다. 살아있다는 것이 이 때만큼 행복해본 적이 없었습니다.

출세하여 부자가 되어 존재이유를 찾는 '반짝이 벗'들보다 이 '순수한 벗'이 찌들대로 찌들고 산성화된 저를 잠시나마 훈훈하게 만들어 주었습니다. 짐작대로 정 교수는 그의 평생 소망인 교육철학의 걸작품을 완성하고 이를 저에게 가장 먼저 보여주고 싶은 '순수한 본능'이 발동한 것이라 생각하고 있습니다.

그 이후 저는 주변 가까이에서 행복을 뒤적이기 시작하였습니다. 뒤적이는 곳마다 행복이 솟구칩니다. 묵묵히 믿고 자아를 버리고 따르는 제자들, 가슴에 피멍을 남기고 철새처럼 훌쩍 떠나버린 그대들, 한 번도 떳떳이 장자노릇하지 못한 저를 큰 어른으로 예우하는 형제자매들, 단 한 번도 결사결의를 맺은 적이 없는데도 혈맹동지처럼 굳건히 옆을 지켜주는 동료들, 미완의 학문을 승화하려 노심초사하는 동문후학들, 목전의 이익을 버리고 스승과의 신의를 택한 애 제자들, 앞보다 뒤에서 온갖 걱정과 염려를 다하는 펜클럽 멤버들 등등 … 이들이 존재하는 것, 같은 하늘지붕 아래 존재하는 것 그 자체만도 저에게 무한대의 행복을 주고 있다는 사실의 발견입니다.

## ★ 스트레스는 받는 것이 아니라 선택하는 것

누가 대신 피, 땀, 눈물을 흘려주어야 행복해지는 것이 아니라고 봅니다. 주위에 향기가 나는 한사람이라도 있다면, 여러분은 이미 행복할 권리를 가졌고, 또한 행복해질 자격을 갖추었다고 봅니다. 어느 날 사석에서 아가월드 그룹 이석호 회장께서 "크리스마스 캐럴송은 겨울철에 들어야 제 맛이 나고 그것도 연말 가까이 들을수록 참 맛이 난다."라는 말씀을 불쑥 꺼내었습니다. 그 순간 저절로 고개를 끄덕이었습니다.



0세부터 글로벌 유전인자를 개발하라

세상만사에는 24절기처럼 그만의 시와 때가 정해져 있는 것 같습니다. 겨울철에도 봄, 여름철의 하우스 채소와 과일을 먹고 사는 것에 젖은 지 오래되었습니다. 그런데도 봄에는 봄 과일이 여름에는 여름 과일이 역시 참맛이 난다는 생각을 결코 지울 수가 없으니 말입니다.

누군가 이런 말을 하였습니다. "읽는 만큼, 아는 만큼, 보는 만큼 즐거워진다."라고 말입니다. 장기간의 경기불황으로 수많은 사람들이 스트레스를 받고 고통스러워합니다. 건설 분야에서는 '혼수상태'란 표현까지 등장하였습니다. 이로 인해 혼수상태가 된 사람들이 늘어나지 않을까하는 걱정이 앞섭니다.

하지만 "불황을 바르게 읽는 만큼, 불황을 바르게 아는 만큼, 불황을 바르게 보는 만큼 그 불황을 오히려 미래의 즐거움으로 바꿀 수 있다."라고 자신 있게 말하고 싶습니다. 각자의 선택에 달린 과제라고 봅니다. 오히려 지금이 야망을 가진 개인이나 기업은 '기회의 시간'이 될 수 있다고 봅니다. 누군가 "스트레스는 받는 것이 아니라 선택하는 것이다."라고 하였습니다. 불황을 논의하는 이 시점이 바로 호황을 예견하고 진입할 적기를 맞이하였다고 생각할 수 있다는 것입니다.

지금 세계가 불황이고, 한국도 불황이고, 기업도 가계도 불황인 것은 사실입니다. 최근에 내한한 미국의 UC버클리대학교(University of California at Berkely)의 인력개발 전문 컨설턴트인 건드링(Ernest Gundling) 박사는 "저는 한국 사람을 존경합니다. 한번은 중동고객들을 데리고 한국, 중국, 일본을 둘러본 적이 있었습니다. 중동사람들이 한국을 보고 무척 놀라더군요. 천연자원도 없는 이렇게 좁은 한국 땅에서 어떻게 경제발전을 했느냐고 말입니다. 그때 저는 중동의 고객에게 한국은 '사람'으로 기적을 창출했습니다."라고 하였습니다(조선일보, 2008년 12월 17일자). 건드링 박사의 지적이 옳다고 봅니다.

바로 지금이 불황을 극복하고 동시에 선진국에로 도약할 수 있는 인재확보 및 육성을 위한 투자적기라고 생각되어집니다. 기업이나 정부는 경제가 어렵고 힘들면, 제일 먼저 인재개발과 관련된 예산을 우선적으로 삭감합니다. 가계도 자녀교육과 관련된 지출을 절약하려 한다고 합니다. 이는 잘못된 판단이라고 생각합니다. 지금이야말로 한국이 단계를 거치지 않고 바로 글로벌 선진국가로 직접 진입할 수 있는 절호의 '기회의 시간'이라고 생각합니다. 그 해답은 건드링 박사의 지적에 이미 나와 있다고 봅니다.

과거부터 우리 선대들은 배고픈 허리띠를 졸라매더라도 자녀교육만은 최우선 과제로 삼았기에 우수한 인재육성이 가능하였고 그 결과 경제대국이 될 수 있었습니다. 지금도 그래야만 합니다. 다른 가계지출을 줄이더라도 자녀교육만은 더 집중 투자해야 하고, 정부나 기업도 이에 적극 동참해야 한다고 봅니다.

선진기업을 추구하는 경영주들은 이 위기를 기회의 시간으로 적극 활용할 필요가 있습니다. 평상시엔 구할 수 없는 최고급 인재를 주변 가까이에서 손쉽게 구할 수 있기 때문입니다. 그동안 초일류기업만이 독식해 온 최상의 고급인재들도 손쉽게 구할 수 있습니다. 만일 기업의 CEO가 초심의 광부 마음으로 되돌아가 잠자고 있는 보석의 원석을 찾아내는 심정과 열정으로 큰 인물을 찾아서 잘 조련한다면, 분명 그 인재들은 그 회사가 지금까지 이룬 것의 몇 배 이상의 큰 파이로 성장시킬 수 있을 것입니다.

가정도 마찬가지입니다. 남이 하니까 따라하는 모방식의 자녀교육 형태를 과감히 접고, 각 자녀의 적성과 소질에 알맞은 전문 멘토나 전문 장소를 찾아 자녀의 소질을 적극 계발시켜준다면 국가와 세계가 요구하는 글로벌인재로 탄생하게 될 것입니다.


## ★ 시대는 멀티플레이를 필요해


여러분 잘 아시잖아요. 글로벌시대에 요구되는 인재는 그 양상과 형태가 이전시대와 판이할 것입니다. 한국인이 좋아하는 축구의 예를 들어봅시다. 축구명장 히딩크의 나라가 네덜란드입니다. 이 나라는 인구도 국토면적도 우리보다 훨씬 작은 나라입니다. 이 나라의 축구가 세계축구의 판도를 바꾸고 축구선진국가로 인정받게 된 것은 오래된 일이 아닙니다. 그동안 세계축구는 기술축구의 대명사인 브라질 삼바축구와 수비축구의 대명사인 이탈리아의 빗장축구 양대 산맥으로 나누어졌습니다.

바로 네덜란드의 축구가 20세기 후반 접어들어 세계축구의 양대 산맥의 벽을 넘는 '올라운드 축구' 라는 전원공격, 전원수비의 화려한 전술축구를 선보이게 되었습니다. 이후 세계축구는 혁명적 전환의 시대를 맞이하게 된 것입니다.

그동안 신장과 체력을 바탕으로 한 삼바축구와 빗장축구의 그늘에 가려 힘 한번 제대로 쓰지 못하던 아시아축구와 아프리카축구가 세계 축구무대를 위협하는 존재로 급부상하게 만든 계기가 되었습니다. 종전의 축구는 수비수는 수비만, 공격수는 공격만, 미드필더는 미드필더의 역할만 하였습니다.

그러나 네덜란드 오렌지 축구군단의 올그라운드 플레이의 등장은 세계 축구인들을 열광의 도가니에 몰아넣기에 충분하였습니다. 이 전술축구는 모든 선수가 공격수가 되고 동시에 수비수가 되며 미드 필더가 되는 올그라운드를 누비는 멀티플레이의 축구를 선보인 것입니다. 모든 선수들이 90분 동안 전력을 다해 그라운드를 누빌 수 있는 체력의 소유와 다양한 고도의 전문성(공격, 수비, 미드필드 등)을 요구하는 것이었습니다. 생동하는 축구에 각국의 관중은 폭발적인 인기로 화답하였습니다.

이것입니다. 지금 시대가 필요한 글로벌인재란 축구의 올라운드 플레이처럼 멀티플레이를 말하는 것입니다. 멀티인재란 다방면의 전문성, 풍부한 경험, 친화적 대인관계, 그리고 효율적 소통능력 등을 가진 자일 것입니다. 과거의 인재육성과 그 목적, 내용, 방법 등이 전혀 다릅니다.

세계 초일류대학을 꿈꾸고 있는 대학총장들이 입시제도의 과감한 탈피를 선언하고 나선 것도 바로 이러한 이유 때문일 것입니다. 틀에 박힌 지식, 무의미한 지식위주의 수능이나 내신에 의한 선발로는 글로벌인재를 육성하는 글로벌 초일류대학이 될 수 없다는 판단에서 비롯된 것입니다.

정보와 지식을 많이 가진 자를 선발하는 것이 아니라 미래의 글로벌시대가 요구하는 자질과 재능을 갖춘 자를 발굴하여 이들을 글로벌시대에 요구되는 멀티플레이로 육성시키는 것이 글로벌대학의 본연의 임무일 것입니다. 지금 세간에는 성적보다 잠재성과 장래성 위주로 신입생을 선발하는 입학사정관제도가 급부상하고 있고 학원가에서도 이미 이들을 유치하는데 혈안이 되었다고 전합니다.

때늦은 감은 있지만 다행한 움직임이라 여겨집니다. 기회의 땅은 기나리면 주어지는 것이 아니라 찾아서 만들고 가꾸는 것이라 생각합니다. 만일 지금 우리가 글로벌시대를 대비한 우수한 인재를 발굴하고 글로벌 교육프로그램에 의해 이들의 육성에 학교, 기업, 정부가 삼위일체가 되어 전력한다면, 대한민국 호는 거칠고 높은 세계시장의 파고를 유유히 헤쳐나가는 승승장구의 시대를 멀지 않아 맞게 될 것입니다.

문득 안도현 시인의 시 '너에게 묻는다' 가 머리에 확 떠오릅니다. 이 시는 짧으면서 명료하고, 명료하면서 진한 느낌을 갖게 하며, 그

진한 느낌이 너무 친숙하여 한번쯤 공유하였으면 하는 마음을 자아
내는 시라고 생각합니다. 이 시는 짧아 외우는데 힘들지 않아 좋고,
간결하고 쉬워 이해하는 데 힘들지 않아 더욱 좋습니다. 명품이란 전
문가의 눈에만 좋은 것이 아니라 문외한의 눈에도 쏙 들어오는 것이
어야 한다고 봅니다.

  피카소 작품을 가장 좋아하는 계층이 누구일까요. 여러분의 예상
과 달리 유아들이 피카소 그림을 가장 좋아합니다. 유아자신이 그린
그림과 매우 유사한 그림이 바로 피카소 그림이기 때문입니다 . 과거
피카소 판화가 국립박물관에 전시되었을 때 가장 많이 관람한 학생
이 대학생이 아니라 유치원생이었다고 합니다.

연탄재를 함부로 차지마라.

너는

누구에게 한번이라도 뜨거운 사람이었느냐.

그렇습니다. 우리는 한번만이라도 누구에게 뜨거운 사람이 되어주지는 못한다 하더라도 따뜻한 사람이 되어줄 수는 있다고 생각합니다. 여러분이 주변의 사람에게 한번쯤 목도리가 되어줄 수 있지 않을까요?

"예술가는 자신을 위해 작품을 만든다."고 합니다. "디자이너는 고객을 위해 작품을 만든다."고 합니다. 그러면 아동교육 분야 종사자 여러분은 누구를 위해 작품을 만들어야 할까요? 그 답은 바로 자신도, 고객 그 자체가 아닌 '고객의 사랑, 성공, 행복'을 위해 명품을 만들어야 한다고 봅니다. '고객의 사랑, 성공, 행복'의 주인공이 누구라고 생각합니까? 바로 나라의 미래요, 우리의 미래인 '어린이'입니다.

그러하기에 아무리 파고가 거센 세계적 불황이라도 우리의 작품 만드는 일은 한순간도 멈출 수 없는 것입니다. 이것이 오늘날 아동교육업계의 모든 종사자가 짊어지고 나아가야 할 한결같은 사명이요, 미션이라고 생각합니다.

아동교육 분야에 종사하는 여러분! 언젠가 우리가 지금의 불황과 싸우면서 우리가 만든 교구·교재, 교육프로그램, 장남감과 그림책 등을 갖고 자란 대한大韓의 어린이가 "여러분들이 우리에게 그 꿈을,

그리고 그 희망을 주었습니다.”라고 자신 있게 말할 수 있는 시기가 반드시 오리라 확신합니다. 여러분 몸과 마음을 다하여 우리의 미래를 책임지고 차질 없이 글로벌인재로 진화시키는 일은 한시도 멈출 수 없습니다. 여러분이 정말로 자랑스럽습니다.

그러나 한번도 여러분 스스로 행복해질 시간이 없었잖아요? 여러분! 왼손을 오른쪽 어깨위에 깊숙이, 오른손을 왼쪽 어깨위에 깊숙이 얹고 힘껏 여러분의 가슴이 일그러지도록 안아봅시다. 그러면서 자신의 이름을 마음속으로 부르면서 “OO 사랑해!”라고 힘껏 외쳐봅시다. 한순간이나마 행복한 자가 영원히 그 행복을 지배할 수 있을지 모르는 일 아닙니까?

# CEO의 5원소

사람이 아는 바는 모르는 것보다 아주 적으며, 사는 시간은 살지 않는 시간에 비교가 안될 만큼 아주 짧다. 이 지극히 작은 존재가 지극히 큰 범위의 것을 다 알려고 하기 때문에 혼란에 빠져 도를 깨달지 못한다.

... 장자

## ★ 하늘의 별 따기 선수

평범한 삶을 산 저의 생애에서 가장 자신 있게 산 삶이 무엇이었는가라고 묻는다면, 단연코 국가의 최고 인재인 대학교수를 육성하는 데에 전념하였다는 것입니다. 후진 학자를 양성하는 일에 몸과 혼을 다 받쳤다고 생각합니다.

교수사회에서 통용되는 한 가지 우스갯소리와 같은 소망이 있습니다. 그것은 바로 자신이 교수 재임중에 직계 제자 한 명을 교수로 만드는 것입니다. 그만큼 대학교수 한 명 만들기가 하늘의 별따기보다 더 어려움을 역설적으로 표현한 말입니다.

사실 현대사회처럼 유혹의 손길이 많은 시대에는 재능과 자질, 인성과 덕목을 골고루 갖춘 인재를 찾아 그 인재를 대학을 이끌 교수로 만든다는 것은 결코 쉬운 일은 아닙니다. 흔히 좋은 직장 얻기가 하늘의 별따기보다 어렵다는 뜻의 은어인 '낙바생' (바늘구멍에 낙타가 통과하기보다 더 힘들다는 줄임말)만큼이나 어려운 일임이 분명합니다.

성적 좋은 학생은 세계 초일류기업으로, 부모 잘 만난 학생은 기업의 후계자로, 교수들의 평판이 좋은 학생은 추천 직장으로, 돈 많은 부모를 둔 학생은 유학길로, 운수대통한 학생은 재벌의 맏며느리 또는 사윗감으로 일찌감치 그 길이 정해지는 그러한 세태가 요즘의 세상이기 때문입니다.

사실이 이러하니 능력을 갖춘 그 누가 고행, 인고, 수난의 업의 길을 걸으려 하며 케케묵은 연구실에 박혀 답답한 책과의 전쟁을 해야 할 그 길을 선택하려고 할까요? 그렇다고 학자의 길을 희망하는 자가 전혀 없는 것은 아닙니다. 하지만 원하는 학생들 중에 정말 미래의 대학사회를 이끌 큰 인재로서의 자질과 덕목을 갖춘 사람이 많지 않다는 데에 심각성이 있는 것입니다. 설사 그 가능성이 엿보인 재목을 찾았다하더라도 이 재목을 학자의 그릇으로 만들기가 여간 어렵고 힘든 것이 아닙니다.

저는 그래도 참 운이 좋은 사람이라고 할 수 있습니다. 저의 손으로 직접 학부, 석사, 박사 전 과정을 지도하여 대학교수를 만든 사람이 15명이나 되고 학부과정, 석사과정, 박사과정 중 어느 한 과정에서 저의 지도를 받아 교수가 된 사람들이 줄잡아 30명 이상이 됩니다. 다른 운은 지독하게 없지만, 후학을 지도하여 국가의 CEO(대학교수는 국가의 CEO임.)를 만드는 운만큼은 지독할 정도로 좋은 사람입니다. 동료교수들은 '이 교수 사단' 이란 말까지 했습니다.

CEO의 육성은 선투자 없이, 인내투자 없이, 집중투자 없이 성공할 수 없습니다. 그 외에 특별한 비법이 어디 있겠습니까? 자기를 낳아주고 길어주고 교육시켜준 부모에게도 고맙다는 말은커녕, 칼을 들이대고 찌르는 것이 요즘 세상 아닙니까?


## ★ 주인의식은 성공의 주조물


저는 "개인은 학자로 태어나는 것이 아니라 학자로 만들어진다."라는 신념을 확고하게 갖고 평생을 인재발굴과 인재육성에 혼을 받쳤습니다. 지금도 이점은 후회하지 않습니다.

우리나라가 아무리 교육열이 대단하다고 해도 대학가는 일, 석사가 되는 일, 박사가 되는 일이 그렇게 쉬운 일은 결코 아닙니다. 돈이 있고 머리가 우수하다고 저절로 되는 일은 더욱 아닙니다. 제가 제자 양성론을 소개하는 이유는 이것이 요즘 우리사회 기업의 CEO 양성론과 직접적 관련이 있기 때문입니다.

평소에 가장 이상적인 학자의 자질은 운동권 학생들의 속성을 가진 자라는 인식을 갖고 있습니다. 이들은 무엇보다 현실에 안주하지 않고 변화와 혁신적인 사고와 행동의 성향을 지녔고, 높은 기성세대의 현실 벽을 자신의 몸과 마음으로 직접 극복하겠다는 자아수정적 습성을 가졌기 때문입니다. 저는 운동권 학생이 갖는 그 이념의 색깔이 아니라 그보다 그들이 가진 자질과 성향을 말하는 것입니다.

독자 여러분도 학창시절에 운동권의 친구가 있었다면, 그들의 삶의 방식과 사고의 틀을 잘 알 것이라 믿습니다. 그들은 자신의 이익보다, 코앞에 놓인 빵보다, 손쉽게 원하는 것을 얻는 것보다 희생이 있더라도, 역경과 고통이 따르더라도 모든 이의 명분과 정당성이 보증되는 것을 추구하고 의식으로 삼는 성향을 가진 자들입니다. 이러한 자질이 학자가 될 수 있는 가장 기본자질임을 확고하게 믿고 있습니다.

무엇보다 이들이 갖는 주요 자질 중의 하나가 타인의 요청에 의해서 마음과 행동이 움직이는 것이 아니라 스스로 주인의식을 갖고 모든 일에 주도적으로 참여하는 것입니다. 어떤 상황에서도, 남이 어떻게 생각하느냐에 전혀 개의치 않고 꽹과리를 두드리는 그들의 실천 행위에서 우리는 그들의 고유한 '열정과 끈기'를 엿볼 수 있습니다. 무엇에 홀린 듯 혼을 불사르는 그들에게서 가치를 위해, 정의를 위해, 사회와 국가를 위해, 타인의 권리와 행복을 위해 무엇을 해야 하는지를 행동으로 보여주는 실천지식인의 참모습이 엿보입니다.

또 있습니다. 이들은 삶의 가치를 자신의 희생과 고통보다 더 높고 넓은 가치와 이념에 두고 있기에 어떤 두려움이나 공포에 굴하지 않은 도전정신을 갖고 있습니다. 경찰서 유치장도 감옥도 거부하지 않으며, 필요하다면 또한 그것이 옳다면 어떠한 압박과 고문도 피하려 들지 않고 정정당당하게 맞서 부딪칩니다. 이들에서 철인 소크라테스를 발견합니다. 소크라테스의 제자인 아리스토텔레스가 스승에게 탈옥을 권하자 "악법도 법이다."라는 유명한 명언을 남긴 채 세상을 떠났습니다.

저는 운동권 학생들에게서도 그러한 완고한 고집을 느낄 수 있어서 CEO의 핵심 DNA가 도사리고 있다고 생각합니다. 그들이 포기할 수 없는 것은 그들이 믿고 있는 '진리와 이념'일 뿐입니다. 이러한 운동권의 태생적 자질을 갖춘 사람이 학문의 길에 접어든다면, 반드시 대성할 것이고 그것은 학문분야, 사회분야, 더 나아가서 국가발전에도 큰 도움이 될 것이란 확신을 항상 갖고 있습니다.


## ★ 리더를 고르는 리더십

조직에서 필요한 인재는 저절로 태어나는 것이 아니라는 사실을 명심할 필요가 있습니다. 확고한 철학과 신념을 가진 리더에 의해,

철저한 인재육성 인프라 네트워크에 의해 인재는 CEO로 육성되는 것입니다.

　저는 학자가 될 만한 자질후보군을 학부 1학년부터 적극적으로 찾아 관찰하고 최종 2~3명을 압축하여 여러모로 심층 관찰을 합니다. 대학생활, 학회활동, 학생회활동, 동아리활동, 가족관계, 교우관계, 외국어 능력, 진취적 사고, 리더십과 성실성 등이 관찰의 핵심 기준이 됩니다. 가능한 이들이 학자후보군의 관찰대상이 되고 있다는 사실을 전혀 눈치 채지 않게 말입니다. 학생들은 자신이 교수의 관심대상이 된다는 것을 사전에 알게 되면 평소와 다른 가식적 행동과 사고를 보이기 때문에 평정의 오류가 발생할 수 있습니다.

　특히 요즘처럼 에스컬레이트족(취업을 위해 몸값을 높이려는 편입학생들)이 많은 대학가에서는 얼렁뚱땅 분위기 맞추고 지나가는 학생들보다 야무지게 자신의 개성을 정직하게 드러내는 학생이 훨씬 개성이 돋보이고 비전이 느껴집니다. 저는 이렇게 하여 발굴한 후보군의 학생들을 자연스럽게 선배들의 세미나에 참여시켜 생활 속에서 학풍을 접하게 만들고 앞선 선배들의 문화와 가치에 젖어들게 하는 기회를 제공합니다.

　저는 학부 3학년 2학기가 되면, 최종적인 개인 면담을 한 뒤, 1~2개월의 말미를 주고 본인 스스로 최종적인 선택을 하도록 합니다. 이 과정이 매우 중요한 최종 관문이라고 항상 생각합니다. 정말 앞으로 저의 동업자(학자의 길)가 될 수 있는가, 대학원 진학여부와 전공에 대한 본인의 신념 및 비전 등을 확인합니다. 최종 관문의 5가지 확인사항들을 기업의 CEO양성과 관련지어 소개해 봅니다.

## ✴ CEO의 5원소

저는 "학자가 되려면 다섯 가지 복을 가지고 있어야 한다."고 생각합니다. 그것을 '학자의 5원소' 또는 'CEO의 5원소' 라고 명명합니다.

### 1원소 - 머리가 좋아야 한다.

한 분야의 1인자가 되려면, 머리가 좋아야 합니다. 여기서 말하는 머리란 IQ점수가 결코 아닙니다. 자신을 바르게 통찰하고 조절할 수 있는 자제력과 인내력을 말하는 것입니다. 하늘이 두 쪽 나더라도 내가 최고가 되겠다는 목표의식과 그 목표를 현실 속에서 달성하기 위한 과감한 실천력을 말하는 것입니다.

무엇보다 CEO가 되려는 사람은 머리가 좋아야 합니다. 조직을 안내하고 앞으로 끌고가는 지도자이기 때문입니다. 리더는 직원들에게 비전을 제시하고, 사업의 성과를 보여주고, 경쟁업체에 밀리지 않기 위한 전략도 구상하며, 구성원을 모두 강력한 실력과 정신력으로 무장한 전문가로 이끌 수 있어야 합니다. 보통의 머리로는 결코 그들의 리더가 될 수 없습니다. 구성원보다 앞선 머리를 가져야겠다는 결심으로 더 오래, 더 깊이 생각하여 다양한 전술과 방법을 강구할 수 있는 것이 머리 좋은 CEO의 핵심입니다.

## 2원소 – 돈이 있어야 한다.

학문이란 당장의 투자를 이윤으로 연결 짓는 이윤추구의 행위가 아니라 미래의 혁신적인 블루오션 문화를 창조할 수 있는 선투자의 개념이라 볼 수 있습니다. 다시 말해, 소비행위 또는 낭비행위라고 말할 수 있는 것입니다. 따라서 돈 없이는 어떤 학문도 제대로 할 수 없는 것입니다. 일정수준 이상의 안정된 학문기반을 구축하려면, 상당한 기간에 걸쳐 상당한 투자가 반드시 뒤따라야 하기 때문입니다.

기업의 창업도 마찬가지라고 생각합니다. 독립 CEO가 되려면, 기본적인 재정능력이 있어야 하고 이를 객관적으로 보증할 수 있는 보증금, 담보, 규정예치금 등이 필요한 이치와 같다고 할 수 있습니다. 돈이 없으면, 조직은 생명력을 상실할 것입니다.

## 3원소 – 부모를 잘 만나야 한다.

학문을 이해하고 적극적으로 지원할 수 있는 부모를 만나야 합니다. 물질적 가치, 사회적 명예, 가문의 권위, 검·경찰적 권력, 정치적 영향력, 경제적 위세, 예능적 천재성 등에 오리엔테이션 되어 있는 부모를 만나서는 학문하기가 어렵다고 봅니다. 묵묵히 책과 씨름을 하고 정상적인 삶의 여유보다 현실과 유리된 밀폐된 공간에서 학문에 몰입하는 삶의 방식을 지지하고 수용할 줄 아는 부모를 만나는 일이 매우 중요합니다.

기업의 CEO가 되고자 하는 사람은 자신의 CEO의 꿈을 이해하고 절대적인 지원을 아끼지 않는 부모님을 만나는 것이 중요합니다.

## 4원소 – 교수를 잘 만나야 한다.

학창시절의 좋은 선배 한사람 만나는 것도 중요하지만, 좋은 교수 한사람을 만난다는 것이 얼마나 중요한지는 대학에 다녀본 사람이면, 누구나 그 가치를 잘 알 것입니다. 사실 교수를 잘 만난다는 것은 결코 쉬운 일이 아닙니다. 대다수의 대학생은 교수를 자주 접촉하기는커녕 졸업 때까지 교수연구실 구경 한번 하지 못하고 졸업하는 학생들이 비일비재합니다.

저의 경험으로는 학창시절 중 대학생활이 가장 중요하게 개인의 생애에 결정적인 영향을 미친다고 봅니다. 대다수의 학부모들은 자녀가 대학생이 되면 손을 놓습니다. 강의실에서 강의 듣고 학점 따는 것이 전부라고 생각합니다. 학부모나 대학생은 자주 교수와의 접촉을 통해 장래 문제를 상의하고 논의하는 것이 매우 필요합니다. 이와 같은 적극성을 가진 학부모나 그 자녀들은 거의 다 사회와 국가가 원하는 리더가 되었습니다.

기업의 경우 전문 CEO를 만들 멘토를 잘 따르는 일입니다. 각 기업마다 전설적인 모범 CEO 전문 멘토군이 있기 마련이며, 이에 대한 풍부한 모범사례도 많을 것입니다. 현재 임원으로 활동하고 있거나 CEO로서 그 활약상을 보여주고 있는 사람들은 CEO를 꿈꾸는 모든 사람들의 멘토인 셈입니다. 이들의 가르침을 한 가지라도 더 배우려는 적극적이고 능동적인 자세가 매우 필요합니다.

### 5원소 – 행운이 있어야 한다.

흔히 사람들은 운은 타고난 것이라고 생각하기 쉽습니다. 저는 운이란 '타이밍' 이라고 봅니다. 예를 들어 어떤 사람이 무엇을 하면, 그 일은 멀지 않은 시점에 세인의 관심이 되고 중심이 되는 경우가 있을 때가 있습니다. 항상 시대의 트렌드를 잘 읽고 준비하는 자에게 다가오는 것이 바로 운이라고 생각합니다.

행운! 준비된 자만이 향유할 수 있는 특권입니다. 이순신 장군이 세계 해군 역사상 23전 23승이란 경이적 불패신화를 이룬 근원이 무엇이라고 생각하는지요? 이순신 장군은 준비가 되지 않으면, 결코 전쟁에 참여하지 않았다고 합니다. 바로 준비가 행운을 가져다준다는 것을 실증적으로 증명한 것입니다.

CEO는 행운과 함께 할 수 있어야 한다고 봅니다. CEO는 어느 날 갑자기 탄생하는 것이 아니라 완전한 준비의 결과 찾아오는 여신과 같은 것이라 봅니다.



0세부터 글로벌 유전인자를 개발하라

## ★ 5복을 조리하는 요리사

우리사회가 지향해야 하는 것은 바로 이러한 조건을 스스로 창조하면서 그 목표로 향해 부단하게 행군할 수 있는 인재들의 발굴과 이의 양성교육이라고 봅니다.

제가 제시한 오복의 조건을 하나라도 제대로 갖춘 사람은 많지 않습니다. 그러나 5복의 가치를 알고 스스로 이러한 조건을 창조하려는 노력의 결과 남이 쉽게 흉내 내지 못하는 높은 기준에 도달하게 되는 것입니다. 이제 이들의 앞길은 그들이 그토록 갖고자 하는 오복을 하나씩 하나씩 갖는 일만 남은 셈입니다. 가진 것이 중요한 것이 아니라, 만들어가는 것이 중요한 것입니다.

아이를 많이 낳아 키운 경험이 있다고 하여 자녀교육 전문가, 경영자, 교육자가 되는 것이 아니잖습니까? 아이를 낳지 않아도, 결혼하지 않아도 자녀교육의 전문가, 경영자, 교육자가 될 수 있는 시대가 지금의 디지털시대인 것입니다. 바로 고난도의 훈련과정을 통해 유아교육의 전문가로서, 교육자로서, 경영자로서의 자질을 갖춘다면, 이 시대가 원하는 아동교육 분야의 훌륭한 CEO가 될 수 있는 것입니다.

저의 제자육성법이 이 시대의 기업회생과 불황탈출을 위한 유능한 기업 CEO 육성의 길잡이가 되기를 바라며, 기업의 CEO가 되기를 갈망하는 자의 마중물의 역할을 해주었으면 합니다.

# 2부

전공

# 유아교육 기행

# 왜! 전공이 유아교육인가?

만일 어떤 사람에게 덕성을 교육하려 한다면 아직 어릴 때에 해야
한다. 그리고 만일 어떤 사람이 지혜를 가르치려 한다면 그의 열성
이 아직 불붙어 있고, 마음이 아직 굳어 있지 않고, 기억력이 강한
인생의 초기에 교육해야 한다.　　　　　　　　　　... 코메니우스

　　지는 학부 때는 교육학을 좋아했고, 석사 때는 심리학을 좋아했습
니다. 지금도 30년 전에 미국 유학을 준비하던 그 순간이 뚜렷해집니
다. 당시 존경받고 신학문을 수학한 몇 안 되는 학자이신 서울대학교
교수이자 행동과학연구소 소장인 이성진 교수에게 미국 유학길의 추
천서를 부탁하자 "왜! 전공이 유아교육인가?"라고 물으셨습니다. 그
분의 말씀이 저의 오기를 자극하였고 지금의 '제'가 있게 하였습니
다. 그래서인지 유아교육학과 관련 없는 학회에는 한 번도 기웃거린
적이 없었습니다. 그때 유아교육학이 교육학이나 심리학의 예속에서

벗어나는 길이 유아교육학 발전의 첩경이란 생각을 가졌고, 지금도 그 생각에는 변함이 없습니다.

## 💙 사육 NO! 교육 OK!

저는 당시에도 유아교육학은 '유치원에서 유아를 가르치는 일'을 훨씬 넘어 '유아에 의한', '유아의', '유아를 위한' 학문이란 패러다임을 가지고 있었고, 지금도 그러해야 한다고 믿고 있습니다. 지금은 많이 바뀌긴 하였지만, 그 당시만 하여도 사람들은 교사의, 교사에 의한, 교사를 위한 교육관을 가지고 있었습니다.

학습이나 교육은 그 자체가 매우 힘든 과정이기에 배우는 자든 가르치는 자든 자발적 모티브(motive)가 전제되지 않으면, 그를 통한 즐거움이나 소기의 성과를 기대하기란 쉽지 않은 것입니다.

배우는 자의 흥미에 대한 고려 없이 일률적으로 학습할 내용이 정해져 있다면, 그런 환경에서는 결코 개성교육, 개별화교육, 잠재력계발교육, 수준별 교육이 활달하게 전개될 수 없습니다. 이러한 교실 분위기에서는 어떤 유아가 놀이에 능동적, 창의적으로 참여할 수 있겠으며, 어떤 교사가 유아의 자발적, 독창성을 자극할 수 있겠습니까?

유아교육학을 오케스트라에 비유해 봅시다. 유아는 오케스트라의 각 악기연주자(첼로, 비올라, 바이올린 등)에 비유되며, 교사는 지휘자에 비유되고, 교육내용은 선정된 연주곡에 비유될 수 있습니다. 이 삼자가 조화될 때 아름다운 연주, 즉 오케스트라 협주회가 되는 것입니다. 명지휘자일수록 각 전문악기 연주자만이 갖는 고유의 음과 화음을 넘어 그 연주회가 추구하는 문화와 가치를 이끌어내게 하는 안내자의 역할을 할 것입니다.

지휘자는 하나의 하모니를 연출하기 위해 각 전문 악기연주자가 최고의 실력을 발휘할 수 있는 준비된 환경을 조성해야 합니다. 만일 지휘자가 특정 악기연주자 중심으로 오케스트라를 진행한다면, 결코 관중이 원하는 가치와 문화를 담은 연주회를 제공할 수 없을 것입니다.

저는 "어린이는 보석의 원석과 같다."고 말합니다. 각 어린이를 '진주, 자수정, 사파이어, 에메랄드, 금, 다이아몬드' 등과 같은 보석의 원석에 비유해 볼 수 있습니다. 만일 보석 세공사가 각 원석을 그 특성에 맞게 세공히지 않는다고 기정해봅시다. '다이아몬드' 기 제일 좋다고 하여 다이아몬드 방식으로 모든 원석을 세공한다면, 다이아몬드를 제외한 각 원석은 보석이 되기는커녕 한낱 돌덩어리에 지나지 않게 될 것입니다. 각 유아가 가진 고유의 개성 그대로의 빛깔이 서서히 스며나오게 하는 놀이나 활동을 통한 '진정한 교육' 그것이 바로 '유아교육학' 입니다.

이러한 교육이 되기 위해서는 교육내용의 사회적 유용성뿐만 아니라 개별 유아의 흥미, 관심까지 고려해야 합니다. 그리고 선정된 교육내용을 각 유아의 개성에 적합한 방법으로 지도해야 합니다.

놀이방, 어린이집, 유치원에서는 교구·교재의 정해진 사용법이 없다는 것이 가끔은 일반인의 시각에는 의아하게 생각될 수도 있을 것입니다. 하지만 교사나 유아와 무관하게 미리 교구·교재의 사용법이 정해져 있다면, 그곳에는 참다운 교육을 기대하기 어려울 것입니다. 여러분! 유아교육은 조기에 어른지식을 주입하여 '애어른'을 만들자는 것이 아니지 않습니까?

미국의 아동학회 회장을 지낸 데이비드 엘킨드(David Elkind) 박사는 현대 사회는 아동의 고유한 권리를 제대로 누릴 수 없는 '아동기의 실종기'라고 하였습니다. 그리고 유아교육을 "어린이에게 해가 되지 않는 일을 하는 것*Doing children no harm!*"이라고 정의를 내렸습니다. 여러분! 이 얼마나 멋진 표현입니까?

참교육이란 각 유아의 잠재 가능성을 적기에 자극하여 자발적 활동(activity)을 하게 하는 것입니다. 교사중심의 교육이 아닌 '아동을 위한 교육'이 그 핵심입니다.

그럼에도 불구하고 대다수의 부모들은 '교사'가 수업을 주도하면 아이들이 열심히 공부한다고 생각하고, '아이들'이 수업에 적극적으로 참여하여 분주하면 공부는 하지 않고 장난만 친다고 생각합니다. 이러한 잘못된 학부모의 교육관이 변화하지 않는다면, 교육의 본래 업무인 문화계승과 발전은커녕 단절과 역행만을 반복할 것입니다.

# 💙 유아교육의 ABC

몇 가지 유아교육 관련 기본 개념들을 다루고자 합니다. 1) 유아 와 유아교육, 2) 보육과 유아교육, 그리고 3) 보육시설과 유아교육시설 등에 관한 것입니다.

유아란 한자의 幼兒를 뜻하는 것으로 '0~8세 사이의 어린이'를 말합니다. 유아기는 신생아기(출생~4주), 영아기(0~2세), 유아기(2~6세), 아동초기(6세~8세)로 구분됩니다. 유아들이 보이는 공통점은 행동이 매우 감각적이거나 동작적이고, 사고는 직관적이거나 한 폭의 수채화처럼 회화적 특성을 보인다는 것입니다.

"유아교육은 0~8세 사이의 어린이가 독자적, 통합적 개체로서 인간적 삶을 영위하면서 성장하고 발전하도록 돕는 형식적 · 비형식적 교육과정의 총체입니다." 이러한 유아교육의 참의미를 혼동하여 조기교육, 초등 준비교육, 유치원교육 등과 혼용하여 질못 사용하는 경우가 많습니다.

조기교육이란 유아의 심리적 발달을 전혀 고려하지 않은 채 유아의 잠재능력을 조기에 계발하고 훈련시키려는 가장 적극적인 교사 개입을 강조하는 개념입니다. 아동중심, 놀이중심의 교육이 아닌 암기위주의 학습지 형태의 교육으로 일명 앵무새의 훈련에 비유됩니다.

초등 준비교육은 말 자체에서 알 수 있듯이 초등학교를 위한 준비교육입니다. 초등학교에서 필요한 교과학습, 생활적응기능을 유치원부터 익히는 것에 교육의 목적을 둡니다.

일반적으로 유치원교육과 유아교육을 동일한 것으로 보는 경우가 있지만 몇 가지 차이점이 있습니다.

| 유치원 교육 | 유아교육 |
| --- | --- |
| 3~5세 유아를 대상으로 유치원에서 이루어지는 교육 | 0~8세 유아를 대상으로 다양한 교육기관에서 교육 |
| 형식적 교육 | 형식적·비형식적 교육 |

유치원교육이 좁은 의미의 유아기교육이라면 유아교육은 넓은 의미의 유아기교육이라 할 수 있습니다.


## 💙 보육과 유아교육의 38선

'보육과 유아교육' 개념의 차이는 무엇일까요? 가장 쉬운 이해는 보육(educare)은 어린이집(children's house)에서, 유아교육(early childhood education)은 유치원(kindergarten)에서 한다는 것입니다. 보육과 유아교육의 차이에 앞서 어린이집과 유치원이 무엇인지에 대해 먼저 알아야 하겠습니다.

어린이집은 보건복지가족부에서 설치한 복지기관이고, 유치원은 교육과학기술부에서 설치한 교육기관입니다. 그래서 전자를 보육시설이라 부르고, 후자를 교육기관이라 부릅니다. 어린이집은 0~6세 아에게 보호 위주의 교육서비스를 제공하며, 유치원은 3~5세 아에게 교육 위주의 보육서비스를 제공합니다.

현상학적으로 보육과 유아교육은 차이가 있는 것처럼 보이지만, 학문직으로 살펴보면 강조점의 차이가 다를 뿐 동일한 개념으로 봐야할 것입니다. 대다수의 선진국에서는 보육과 유아교육을 구분하지 않고 통합적으로 운영한다든가, 연령별 역할분담을 구분지어 일원화 체제로 운영하고 있습니다. 50년 정도 유치원과 보육원의 이원화 체제를 유지하던 일본 역시(우리나라는 일본의 체제를 모방하여 어린이집과 유치원의 이원화체제임) 지금은 통합적으로 운영하고 있는 실정입니다.

1979년 이전만해도, 한국의 모든 대학(교) 유아교육과의 명칭이 보육학과였습니다. 저는 그 당시 교육부 관계자와 함께 제2차 유치원교육과정을 제정하면서 각 대학(교)의 학과 명칭을 보육학과에서 유아교육과로 바꾸게 하는 계기를 마련하였습니다. 어린이집과 유치원을 관장하는 행정부처가 다르고 대상 유아의 연령에 차이가 있는 것을 제외하면, 두 개념의 성격을 동일한 것으로 볼 수 있습니다.

과거에는 유치원은 잘사는 아이들이 다니는 곳으로, 어린이집은 못사는 아이들이 다니는 곳으로 여겨지기도 하였습니다. 그러나 최근 여성의 사회 참여율이 급증하고 유아의 취원 연령이 하향화 되기 시작하면서 유치원보다 어린이집의 인기가 높은 것으로 보고되고 있습니다. 즉 부모님들은 종일제 프로그램을 채택하는 어린이집을 더 선호하며 그곳에 많은 투자를 한다고 합니다.

이에 기초하여 '보육과 유아교육' 의 개념을 정리하면, 보육은 영어의 Educare로서 '보호기능(caring)+교육기능(education)' 을 동시에 갖고 있지만, 보호기능 위주의 교육기능을 수행하는 것을 의미합니다. 유아교육도 동일한 기능을 갖고 있지만 교육기능 위주의 보호기능을 수행한다는 차이가 있습니다.

'보호기능 위주' 란 유아의 건강, 안전, 영양, 위생, 놀이, 휴식 등을 위주로 하는 활동을 뜻하며 '교육기능 위주' 란 유아의 5개 발달영역, 즉 인지발달 · 언어발달 · 정서발달 · 신체발달 · 사회성발달 등을 위주로 하는 활동을 말합니다. 오늘날은 보육과 유아교육의 이분법적 접근이 아니라 보호와 교육적 기능을 통합하는 '교육복지' 의 개념이 등장하였습니다.

아직까지 어린이집과 유치원은 의무교육 기관이 아니므로 어떤 기관을 졸업했느냐가 초등학교 입학에 영향을 주지 않습니다. 현재 정부는 농어촌지역 중심으로 점진적으로 무상보육과 무상유치원교육의 확대 시행을 추진하고 있어, 두 기관이 멀지 않은 장래에 무상의무 교육기관으로 될 전망입니다.

## 💙 보육과 유아교육의 가계도

　두 기관의 학습내용은 비슷하지만, 제도나 행정적, 재정적 운영 측면에서 두 기관은 차이가 있습니다.

　유아교육기관에는 국·공립유치원과 사립유치원이 있습니다. 현재 국·공립유치원 수가 사립유치원 수보다 많지만, 반대로 학급수가 적으므로 사립유치원에 다니는 원아수가 많은 실정입니다.

　보육시설기관은 유치원보다 그 종류가 훨씬 더 복잡합니다. 총 6가지로서, 국·공립보육시설, 법인보육시설, 직장보육시설, 가정보육시설, 부모협동보육시설, 그리고 민간보육시설이 있습니다. 개인설립의 놀이방(가정보육시설)과 어린이집(민간보육시설)이 절대 다수를 이루고 있습니다. 놀이방은 5명 이상 20명 이하의 유아를 보호하는 가정보육시설의 공식명칭이며, 그 외의 시설명칭은 '어린이집'으로 통일하어 부르고 있습니다.

　상가지역이나 주택지역에서 학원유치원, 영재유치원, 영어유치원, 또는 유아학교 등의 간판을 쉽게 볼 수 있을 것입니다. 과연 이들 시설들이 공교육기관이나 공보육시설인지를 쉽게 판단하기가 어려워 혼란스러울 때가 많을 것입니다. 그 교육내용을 보면, 어린이집이나 유치원과 비슷한 교육프로그램이 진행되는 경우를 볼 수 있기 때문입니다. 이 기관들은 개인이 영리목적으로 설립한 사설학원에 해당되며, 교과부의 사회교육과에서 지도·감독을 받는 시설들입니다.

우리 주변의 초등, 중고등생을 대상으로 한 다양한 사설학원들을 연상하면 쉽게 이해가 될 것입니다.

사설유아학원이 좋다, 나쁘다 하는 판단은 그 설치 요건에 의해서만 섣부른 판단을 하면 안 됩니다. 가장 중요한 판단준거는 교육의 질이 보장되는가, 유아의 발달에 적합한 교육의 운영여부가 그 기준이 되어야 합니다.

학교의 기능이 학부모의 요구나 시대의 트렌드를 바르게 읽지 못하고 있는 현재의 상황에서는 사설유아학원은 변화의 견인차 역할을 하고 있습니다. 그 순기능을 결코 과소평가해서는 안 될 것입니다. 오죽하면, 정부에서도 사설유아학원 강사를 방과후 교사로 우선 특채를 허용하겠으며, 공영방송인 EBS가 유명학원의 강사에 의해 진행되는 수업을 방영하도록 하였겠습니까?

세계적 무한경쟁시대에 우리의 유아교육은 더 이상 무풍지대에 놓여있지 않음을 직시할 때라고 봅니다. "변화하지 않는 자는 죽음뿐이다."라는 어느 경영학자의 말이 우리 유아교육 분야에도 자극이 되기를 간절히 바랍니다. 유아교육은 첫째도 유아, 그 마지막도 유아를 위한 길이 되어야 하기 때문입니다.

일본은 초등학교가 세계 최고, 독일은 중등학교가 세계 최고, 그리고 미국은 대학이 세계 최고가 되어 일류국가가 되었다면, 대한민국은 유아교육기관이 세계 최고가 되어 글로벌시대의 초일류국가가 되어야 한다고 봅니다. 꿈은 이루어지기에 아름답습니다.

# 유아교육 전문가이려면 …

> 우리는 과거로는 우리의 부모님과 연결되어 있고, 미래로는 우리
> 의 아이들과 연결되어 있으며, 우리 아이들을 통해 우리가 결코 볼
> 수 없지만 돌봐야 할 미래와 연결되어 있다.                    … 융

저는 저에게 잘 대해주는 사람을 좋아합니다. 잘 대해주고 많이 아
는 사람을 존경합니다. 평소 잘 아는 목동아파트 상가 약사 아줌마를
좋아하고 존경합니다. 왜냐하면요? 저보다 영어를 잘해서도 아니고,
학력이 높아서도 아니고, 돈을 잘 벌어서도 아닙니다. 제가 건네준
의사처방전(암호 같은 의사의 처방전)을 단번에 알아보고 약 조제를 척
척해내기 때문입니다. 그때마다 "전문가는 역시 무언가 달라!"라는
존경의 마음을 갖게 됩니다.

유아교육 전문가와 유아교육 비전문가를 어떻게 구분지을까하고

생각해봅니다. 저는 전문가란 자기분야의 '전문용어'를 바르게 많이 사용하는 사람이라고 말해 왔습니다. 안타깝게도 유아교육 종사자는 자기분야의 전문용어를 많이 알지도 사용하지도 않는 것 같습니다. 이점이 약사보다 유아교사가 비전문가 대접을 받는 하나의 원인이 되지 않았을까하고 생각해 봅니다.

## 💚 "유아교사가 대학교수보다 전문가입니다"

약사나 의사, 검사나 판사를 보통 전문가 중의 전문가라고 생각합니다. 저는 이들보다 교사나 교수가 더 전문가라고 생각합니다. 왜냐하면요? 이들은 병든 사람들이나 나쁜 사람들을 정상인으로 복원하는데 심혈을 쏟는 직업이라면, 교사와 교수는 사람들의 잠재성과 가능성을 계발하는데 혼신을 다하는 직업이기 때문입니다.

그리고 교사나 교수직종 중에서도 가장 어린 유아를 담당하는 유아교사를 최상의 전문가라고 생각합니다. 나이든 사람보다 어린 사람을 대하는 직업종사자가 고도의 신념과 전문성이 요구되기 때문일 것입니다. 한치의 실수, 한순간의 잘못, 한가지의 오류, 한번의 방심도 용납되어서는 안 되기 때문입니다. 엄청난 나쁜 결과를 낳을 수 있기 때문입니다. 무엇보다 엄정함, 공정함, 확고함, 철저함 등의 최고 전문성이 뒷받침되어야 하기 때문입니다.



0세부터 글로벌 유전인자를 개발하라

자본주의 사회에 사는 사람들은 쉽게 납득이 안 갈 것입니다. 이스라엘의 '키부츠 사회'(이상적인 공동 집합체 사회)나 사회주의 국가에서는 약사나 의사보다 교사가 훨씬 더 높은 사회적 신분을 보장받고 있습니다. 그럼에도 길가는 아무나 붙잡고 유아교사, 초등교사, 중등교사, 대학교수 중에서 누가 더 전문가 대우를 받는가라고 물어보면, 모두 다 '대학교수'라고 대답할 것입니다. 저는 이에 쉽게 동의할 수 없답니다. 왜냐하면, 가르치기 힘든 대상이 가장 전문성을 요한다고 생각하기 때문입니다. 바로 유아가 가장 가르치기 힘든 대상입니다.

예를 들면, 유아교사는 준비하면 거뜬히 1시간 정도는 대학생을 가르칠 수 있지만, 대학교수는 준비를 해도 5분 이상 유아를 가르치기가 힘듭니다. 실화 한 가지를 소개합니다. 성균관대학교 부속 성균유아원의 원장시절 이야기입니다. 당시 성균관대학교 김용훈 총장님은 부속유아원의 입학식이나 졸업식에 빠짐없이 참석하여 축사를 해 주었습니다. 원생들은 하늘만큼 높은 대학교 총장선생님의 말씀에 귀를 쫑긋 세우고 호기심을 집중하였습니다.

총장님의 축사말씀이 2~3분 정도 지나자마자 원생들의 주의집중이 산만해지기 시작하고 금방 소란이 일어났습니다. 자연히 축사는 한 옥타브 더 높아지고, 동시에 원아들의 소란도 함께 높아져 금방 행사장은 소란으로 가득 차게 되었습니다. 교사들은 총장님의 축사가 무사히 끝마치기를 기원하며, 원아들을 집중시키느라 동분서주하였습니다. 저는 이렇게 시작합니다.

원장 : 여러분! 나는 누구지요?

유아들 : 원장선생님

원장 : 오늘은 무슨 날이지요?

유아들 : 입학식이에요.

원장 : 누구와 함께 왔나요?

유아들 : 엄마, 아빠. (또는 할머니 등등)

원장 : 손으로 한번 가리켜보세요.

유아들 : (아주 자랑스럽게 엄마, 아빠, 할머니를 찾아 가리킨다.)

원장 : 자, 여러분! 엄마, 아빠 보는 앞에서 의젓하게 앉아 원장선생

　　　님 말씀 듣는 착한아이 되고 싶어요, 나쁜 아이 되고 싶어요.

유아들 : (모두 다) 착한 아이요.

이처럼 원아들과의 간단한 문답식의 상호작용 과정을 유도하면, 유아들의 주의집중을 상당 시간 모으면서 말을 이어갈 수 있답니다.

항상 행사가 끝나면, 총장님은 전교직원을 삼청동 고급한식집에 초대하여 식사대접을 해줍니다. 그 자리에서 "여러분이 나보다, 유아교사가 대학교수보다 더 전문가인 것을 알게 되었습니다."라는 격려의 말씀을 꼭 하였습니다. 김용훈 총장님은 당신의 총장재임 기간동안 한번도 유아원 행사에 빠진 적이 없었습니다. 이 유아들이 잘 자라 훗날 훌륭한 성균관인이 되기를 바랐기 때문입니다. 또한 유아교사를 대학교수 못지않은 전문가로 예우하는데 인색하지도 않았습니다.

## 💙 유아전문가의 트레이드마크(1)

유아교육 전문가가 되려면, 다음의 9요소를 가져야 합니다. 이 요소들은 유아교육 전문가와 비전문가를 구분하는 잣대가 되기도 합니다. 오랜 기간의 연구를 통해 추출한 요소들입니다. 유아교육도 일반교육처럼 교육의 3요소인 교사, 학습자, 교과서(교구·교재)가 있어야 합니다.

따라서 유아교사의 수업과정에서도, 유아들의 학습방법에서도, 그리고 유아와 유아교사가 함께 사용할 교구·교재에서도 다음의 9요소가 반드시 반영되어야 합니다. 만일 이 9요소와 무관한 수업, 학습,

그리고 교구·교재가 채택되거나 사용된다면, 이러한 교육을 비전문가에 의해 진행되는 유아교육으로 평가될 것입니다.

### 제1요소 흥미

흥미(interest)란 유아가 주변대상이나 사물에 관해 갖는 호기심을 말합니다. 그 사물이나 대상에 대해 심리적 내적동기의 자발적 표현이 바로 흥미인 것입니다. 나이가 어릴수록 인내나 주의집중 시간이 짧기 마련입니다. 유아의 흥미를 끄는 대상이나 사물중심으로 유아교육과정을 구성해야 합니다. 왜냐하면 흥미를 주는 대상에 더 적극적으로 참여하게 되고, 주의집중이나 몰입의 강도가 높아지게 됩니다.

어린이집이나 유치원과 같은 유아교육기관에서도 이 원리에 기초하여 교실공간을 몇 개의 흥미영역으로 나누고 유아의 관심과 흥미를 끄는 다양한 놀이자료나 학습자료를 배치하여 운영합니다. 유아는 성인과 달리 자신에게 흥미를 주는 활동에 보다 적극적으로 참여하게 되며, 그 활동에 몰입하는 시간도 늘어나게 되고, 다양한 다른 활동이나 놀이의 확대로 이어가게 됩니다.

### 제2요소 욕구

욕구(need)란 심리적, 생리적인 결핍 또는 필요를 복원하려는 생물학적인 내재적 동기를 말합니다. 유아의 필요가 무엇이며, 내적결핍이 무엇인가를 찾아내는 것이 중요한 일입니다. 특히 나이가 어린 유아일수록 그 욕구의 종류와 양상은 크게 다를 것입니다. 유아교육 전문가들은 유아의 연령에 따라, 유아의 발달수준에 따라, 유아의 사회 · 문화적 배경에 따라 개별유아의 욕구에는 개인차가 있다고 봅니다.

이러한 요구의 차이를 바르게 찾아내어 각 유아의 놀이계획이나 활동과정에 반영시키는 일이 유아교육 전문가의 몫일 것입니다. 이 욕구요소가 유아교육과 일반교육을 구별하는 기준이 되기도 합니다. 예를 들면, 초등학교 교육은 개인의 욕구를 고려한 교과서를 만들지 않습니다. 모든 아동이 동일한 교과서를 갖는 답니다. 하지만 유치원에 다니는 유아는 각자마다 교구 · 교재가 서로 다르고 다른 학습방법으로 배운답니다.

## 제 3 요소 과정

과정(process)이란 학습의 최종결과인 성적보다 학습의 진행흐름에서 보인 학습자의 지각, 인상, 경험 등에 그 초점을 맞추는 교육과정운형 형태를 말합니다. 학습의 결과인 성적보다 학습중에 학습자가 보인 수업참여 만족도나 협동과업 열성도 등에 초점을 맞추고 있답니다. 교육과정 형태에는 두 가지 대표적 접근방법이 있습니다. 그 하나가 결과중심 교육과정(product-oriented curriculum) 형태이고, 다른 하나는 과정중심 교육과정(process-oriented curriculum) 형태입니다.

전자는 주로 겉으로 나타난 바른 행위, 정답 위주의 학습행동에 초점을 맞춘다면, 후자는 학습과정에 참여하는 유아의 동기, 생각, 느 낌, 참여 등에 초점을 맞추고 있답니다. 과정중심 교육은 정해진 학 습내용의 반복적 연습이나 기억들보다는 각 유아가 표현하는 창의적 발상과 상상적 구상 등에 교육적 의미와 가치를 두게 됩니다.

### 제4 요소 놀이

놀이(play)란 학습자의 재미성, 유희성, 자발성, 상상력, 창의성에 의해 유아자신의 활동을 이끌어가는 작업과정을 일컫습니다. 어린이 하면 장난감을 떠올리듯이, 유아교육하면 금방 놀이를 떠올리게 됩 니다. 유치원의 아버지인 프뢰벨(Froebel)도 가베(독일어로 gabe, 영어 로 gift, 일본어로 恩物, 한국어로 신의 선물)라는 유아용 교구(놀이감)를 세계 최초로 만들었고, 몬테소리 여사도 유아를 위한 몬테소리교구 를 창안하였습니다.

유아는 놀이에 의하여 자신의 상상세계나 판타지 세계를 자연스럽 게 현실세계에 재표상하여 인지구조(지적구조)를 충실화하고, 또한 현실 속에서 표출하기 어려운 생각이나 정서를 가상놀이나 상상놀이 를 통해 분출하여(카타르시스적 놀이기능) 발달시기에 부합한 긍정적 자아상을 정립하여 나갑니다.

# 💙 유아전문가의 트레이드마크(2)

### 제 5 요소 발달

발달(development)은 각 유아의 특정 발달시점에 반드시 익혀야 할 생애과업들을 습득하는 것을 말합니다. 예를 들면, 7~8개월경의 초기음성언어배우기, 11~12개월경의 걸음마배우기, 18~20개월경의 대소변가리기, 24~25개월경의 대상영속성개념익히기(사물개념습득) 등입니다.

유아교육학자들은 발달(development)과 학습(learning)개념을 구분합니다. 학습이란 학습내용이 학습자와 무관하거나 인위적 요소가 많아 시간의 경과에 따라 망각현상이 일어나지만, 발달이란 한번 학습된 것은, 몸에 필요한 음식이 체내에 영양소로 흡입되어 신체의 일부분이 되는 것처럼, 반영구적으로 유아의 인지구조나 정서구조(아동심리학자들은 어린이의 심리구조는 인지구조와 정서구조로 나눔.) 속에 내면화된다는 것입니다.

### 제 6 요소 경험

경험(experience)이란 유아(0~8세)가 일상의 가족생활, 또래생활, 놀이터생활, 작업생활, 학급생활 등을 통해 생활 속에서 자연스럽게 필요한 지식이나 기능을 익혀나가는 과정을 말합니다. 유아의 일상생활과 동떨어진 교실에서, 실제생활과 거리가 먼 교과서 내용들에서 읽히고, 쓰고, 셈하는 것은 무의미한 학습이라고 보며, 유아의 실제생활 장면에서 배우고 익힌 생생한 경험들이 유의미한 학습이라고 봅니다.

예를 들면, 생물교과서를 통해 '말에 관해' 학습한 유아와 말과 함께 생활하면서 '말에 관해' 학습한 유아를 비교하여 봅시다. 말에 관한 구체적인 정보는 전자가 훨씬 풍부하겠지만(이 풍부한 지식도 반복연습하지 않으면 망각이 일어남), 말이 원하는 욕구를 즉시 충족시켜주는 등 '말에 대한 사랑'은 후자가 훨씬 앞설 것입니다. 말에 관한 학습의 진정한 가치가 어디에 있느냐를 잠깐만 생각해도, 교과서 지식교육과 생활경험교육 중 어느 것이 바람직한 유아기 학습인지를 판단할 수 있으리라 봅니다.

### 제 7 요소 통합

통합(integration)이란 분과의 반대개념으로 교육내용을 교과별로 구분하지 않고 테마나 주제로 묶어 종합적 접근을 하는 학습형태를 말합니다. 쉬운 예로 자유놀이시간, 견학 및 현장실습, 토론 및 논술 시간들일 것입니다.

유아교육기관에서는 시간을 교과별로 나누지 않고 자유놀이시간, 이야기나누기, 작업 및 만들기, 요리, 야외견학 등으로 운영합니다. 이는 통합개념에 부합한 교육과정을 운영합니다. 반대로 초등학교는 국어시간은 국어에 관해, 산수시간은 산수에 관해, 체육시간은 체육에 관해 학습내용이 다루어집니다. 이는 대표적인 통합의 반대인 분과의 교육과정 운영형태라고 할 수 있습니다.

### 제8요소 개별화

개별화(individualization)란 개별 유아가 갖고 있는 고유의 연령의 차이, 발달수준의 차이, 사회 · 문화적 환경차이 등을 고려한 교육계획을 설계하여 운영하는 교육과정 형태를 말합니다. 이 개별화 개념의 가장 큰 가치는 각 유아의 적성, 소질, 역량, 능력, 인지성향 등에 최적한 교육활동을 전개한다는 것입니다. 교과서가 아닌, 교사주도가 아닌, 국가나 사회의 필요가 아닌, 진정으로 유아를 위한 교육을 설계하자는 인본주의 정신이 밑바탕에 깔려있는 개념입니다.

### 제9요소 상호작용

상호작용(interaction)이린 학습괴정에서 유아와 유아 간, 유아와 교사 간, 그리고 유아와 교구 간의 역동적 교류가 중심이 되어 이루어지는 교육과정 운영형태를 말합니다. 이 개념은 유아가 학습과정에 보다 능동적으로 참여하며, 학습의 주체자로서 자신의 학습을 능동적으로 주도하는 학습과정을 말합니다. 학급당 원아수가 많을수록 유아간의 상호작용의 활동 빈도는 줄어들 수밖에 없을 것입니다.

원활한 유아와 교사간의 상호작용을 위해 권장되는 교사 1인당 담당유아의 비율은 만 1~2세 아의 경우 유아 3~5명, 만 3세의 경우 7

명 내외, 만 4세의 경우 15명 이내, 그리고 만 5세의 경우 25명 이내
가 바람직하다고 할 수 있습니다.

이상의 요소들은 유아교육 전문가이려면, 꼭 갖추어야 할 요소라고
생각합니다. 이 요소들은 제가 오랜기간 동안 현장 유아교육 종사자
와의 임상장학과 토론과정을 통해 추출한 요소들입니다. 일반인들은
위의 9요소에 의해 유아교육 종사자든 유아교구 · 교재든 유아용품이
든 그것의 전문성 여부를 판단하는 기준으로 활용하기를 바랍니다.

# 아리송한 유아교육학 …

유아교육이란 어떤 교육촉진자가 0~8세 사이에 있는 유아들의 도달점 행동의 변화를 가져오기 위하여 어떤 상황하에서 계획에 따라 어떤 수단을 동원하는 일련의 노력이다.　　　… 피터스

## 💙 과학적 유아교육

다음은 몬테소리 교구를 안내하는 광고 카피라이터 문구입니다.

"몬테소리는 장난감이 아닙니다. 몬테소리는 교구입니다."

유아교육 종사자들도 장난감과 교구를 구분하지 못하는 경우가 많습니다. 오랜 기간동안 유아교구·교재를 취급한 현장전문가들도 이 구분을 잘 하지 못하는 경우도 있습니다. 혹자는 "뭐, 그 구분이 별대수야. 아이만 잘 자라게 교육만 잘 시키면 되지 뭐!"라고 생각할지도 모릅니다. 영양사의 과학식단이 아닌 엄마의 사랑음식을 먹고 자란 우리에게 이 말이 더 설득력이 있을지 모릅니다.

하지만 지금이 어느 시대입니까? '보릿고개 시대'도 아니고, 강냉이 죽으로 연명하는 그런 시대도 아니잖습니까? 현대의 유아교육이 자녀에게 형편대로 먹여주고, 사정대로 입혀주고, 여건대로 재워주고, 기회 닿으면 교육시키는 것을 추구하는 그런 교육은 결코 아닙니다. 한국의 최고가 되는 교육에서 세계의 최고가 되는 교육으로 도약하고 있는 때입니다.

그러기 위해서는 유아교육의 개별화, 양질화, 과학화의 추구는 필연조건입니다. 주먹구구식의 교육에서 벗어나 과학적 유아교육시스템을 구축해야만, 글로벌 조기 인재육성이 우리 손에 의해 가능합니다. 우리의 장난감과 교구의 수준이 글로벌 초일류시민의 양성이 가능하느냐, 아니면 삼류시민의 양성이 가능하느냐와 직결될 수도 있습니다.

유아교육 분야와 관련된 주요 궁금증을 풀어보고자 합니다. 한 가지 먼저 언급하고 싶은 내용이 있습니다. 유아교육 종사자 모두에게 묻고 싶은 것입니다. 그 대상이 유아교사가 될 수도 있고, 가정방문교사가 될 수도 있고, 대학교수도 해당됩니다. "선생님, 여러분의 교육적 노력에 의해 유아의 성장과 발달이 더 많이 일어난다고 생각하십니까? 아니면 유아 스스로의 자연적 성숙과 경험의 의해 더 많이 일어난다고 생각하십니까?"

저는 교사의 교육적 노력보다 유아의 자연적 성숙과 경험에 의해 학습이 더 많이 일어난다고 생각합니다. 일반인들 중에서도 저와 같은 생각을 가진 사람들이 많습니다. 공교육에 대한 학부모의 불신과 외면도 따지고 보면, 교사의 학습지도성과에 대한 불신에서 비롯한디고 봅니다.

교사의 교육적 노력에 의해 학습자의 변화가 75퍼센트 이상일 때, 학부모들은 학교교육에 전폭적 신뢰와 지지를 보내게 될 것입니다. 교사의 수업활동은 우연의 결과가 아닌 필연의 결과, 막연한 성과가 아닌 인과적 성과를 낳는 과학적 접근이 절대적으로 요구됩니다. 이제 유아교육은 시대에 부합한 과학적 유아교육이 되어야 합니다.

## ♥ Q & A (1)

유아교육 종사자들도 혼란스러워 하는 아리송한 유아교육 이슈들을 제시해보고자 합니다. 그리고 그것에 대한 객관적 해답을 하고자 합니다.

**질문 1 : 유치원이나 어린이집에도 초등학교처럼 교과서가 있습니까?**

네, 유치원이나 어린이집에도 교과서는 있습니다. 하지만, 이들 기관에서는 초등학교처럼 교과서라 부르지 않고 '교구·교재'라고 부릅니다. 유치원은 각 유아의 개인차, 발달수준, 환경을 최대한 고려한 개별화교육을 원칙으로 하고 있기 때문에 모든 유아가 일률적으로 함께 사용하는 표준 교구·교재가 없습니다. 유아교육기관은 유아에 따라 교구·교재가 다른 것을 원칙으로 하고, 초중등학교는 학년 또는 학기에 따라 교과서가 다른 것을 원칙으로 하고 있습니다.

## 질문 2 : 유아교구·교재는 누가 만드는 것이 바람직한가요?

지금은 어린이집이나 유치원에서 교사가 교구·교재를 만들어 유아에게 사용하고 있습니다. 이는 바람직한 것이 아닙니다. 원칙으로 유아를 위한 교구·교재는 전문가가 제작하고 그것을 교육과학부가 검인증한 후 교사가 사용해야 합니다. 현재 초·중등학교의 교과서는 이런 과정을 거쳐 교과서를 전문가(각 교과 전문가, 교수)가 개발합니다. 교사는 전문가에 의해 개발된 교재를 채택한 후 교재연구를 철저히 하여 아동의 학습지도에 전념하고 있답니다.

일반교사들은 교구·교재를 개발할 수 있는 역량이 없다고 보아야 합니다. 왜냐하면, 교구·교재를 개발하기 위해서는 교육철학, 교육과정이론 및 설계, 교수학습방법, 교육과정평가 등의 영역 등에서 고도의 교육과정분야 전문성과 교과분야 전문성을 함께 갖추고 있어야 하기 때문입니다.

유치원이나 어린이집에서 유아교사가 교구·교재를 제작하고 있는 상황입니다. 이점이 유아교육의 질 저하와 유아교육의 과학화를 저해하는 핵심요인이 되고 있습니다. 유아교구와 교재는 전문가에게 맡기고 유아교사는 전문가에 의해 개발된 교구·교재를 철저히 연구하여 유아의 학습지도에 만전을 기해야 한다고 봅니다.

## 질문 3 : 교구·교재와 장난감·이야기책은 같은가요?

전혀 다릅니다. 외형적으로 장난감과 교구, 이야기책과 교재는 비슷합니다. 하지만 성격이 전혀 다릅니다. 장난감은 문자 그대로 일차적 목적이 오락, 쾌락, 즐거움을 제공하기 위한 것입니다. 교구는 유아의 성장과 발달을 위한 교육목표를 달성하기 위해 개발된 것입니다.

이야기책과 교재의 차이도 유사합니다. 이야기책이 유아에게 즐거움과 기쁨을 주기 위한 것이라면, 교재는 각 연령기에 도달해야 할 발달과업의 충실화를 위한 것입니다. 장난감이나 그림책 중에서 교사가 교구·교재로 채택하여 교육적 목적을 위해 사용하면, 그것은 바로 교구·교재가 될 수도 있는 것입니다. 그러나 교구·교재를 장난감이나 그림책처럼 사용해서는 결코 안 됩니다.

유아교육에서는 처음부터 교구·교재로 개발된 것이 많습니다. 예를 들면, 몬테소리 교구나 가베 교구는 처음부터 교구로 개발된 것입니다. 때문에 절대로 장난감으로 사용해서는 안 됩니다. 그리고 이의 사용은 반드시 전문가훈련을 받은 자격교사에 의해 유아에게 소개해야 합니다. 주변에 이들 교구를 수업하는 교사가 있다면, 반드시 그 교사가 전문가로서 훈련받은 자격증 소지여부를 꼭 확인해볼 필요가 있습니다.

### 질문 4 : 각 연령대의 교구 · 교재가 정해져 있나요?

유아교육의 핵심에 관한 질문입니다. 유아교육은 초등교육처럼 연령별 교구교재가 정해져 있지 않습니다. 초등교육은 연령기준으로 교과서를 만들어 사용하지만, 유아교육은 연령기준보다 개별유아의 욕구기준으로 교구 · 교재를 만들어 사용한다고 볼 수 있습니다.

이 때문에 유아교육은 표준 교구 · 교재 없이 수업한다든가, 교과서도 없이 수업한다는 비판을 받기도 합니다. 이는 유아교육과 초등교육의 특성차이에서 비롯된 것입니다. 유아교육의 목적은 개별유아의 발달욕구를 최대한 계발하는 교육에 중점을 둔다면, 초등교육의 목적은 각 연령기에 공통적으로 학습해야 할 학습과제의 습득에 그 목적을 두고 있습니다. 그러하기에 유아교육은 표준 교구 · 교재를 만들 수가 없고, 초등은 만들어야 하는 필요 때문입니다.

만일 초등교육이 유아교육철학을 따른다면, 지금의 표준 교과서는 없어야 할 것이고, 반대로 유아교육이 초등교육의 철학을 따른다면, 연령별 교구 · 교재를 개발해야 할 것입니다. 이는 철학의 선택에 관한 문제입니다.

## 🩵 Q & A(2)

### 질문 5 : 유아교육과정과 유아교육프로그램은 같은 것인가요?

서로 다른 개념입니다. 일반적으로 초·중등학교에서는 교육프로그램이란 용어 자체가 없습니다. 유아교육에서만 사용되는 용어입니다. 교육프로그램이란 어떤 학자의 주장이나 학문이론에 근거를 두고 유아를 위한 교육활동 계획들의 체계화된 모음집입니다. 예를 들면, 몬테소리 박사의 이론에 근거하여 만든 교육활동 모음집을 몬테소리 프로그램이라고 부릅니다.

반면에 유아교육과정은 교육프로그램보다 더 포괄적이고 상위적인 개념으로서, 유아기에 길러야 할 발달영역별 목표와 내용, 그리고 지도방법과 운영전반에 대한 단계적, 수준별, 통합적으로 제시된 교육방침들이 포함됩니다. 교과부에서 대통령령으로 매 5년마다 제정되는 유치원교육과정령은 바로 이 유아교육과정에 해당됩니다.

### 질문 6 : 유아교실의 영역 구분은 어떻게 하나요?

원의 교실은 대집단활동이 가능한 중앙공간을 포함하여 대략 4~5개의 흥미영역으로 구성되어 있습니다. 유아들은 욕구와 수준에 차이가 있고, 주의집중시간이 다릅니다. 따라서 개별 유아의 흥미에 따라 영역을 자유롭게 선택하여 활동할 수 있도록 교실을 흥미영역으로 구획지어 개별 아동이 개별적이고 통합적으로 다양한 경험을 할 수 있도록 합니다.

예를 들면, 언어영역, 조작영역, 과학영역, 목공영역 등입니다. 영역선택과 이동은 전적으로 유아의 자율적 선택과 결정에 의해 이루어집니다. 아동중심의 놀이수업을 한다는 유아교육의 정신이 실제 학급운영과정에 반영된 것이라 보면 됩니다.

영역의 명칭이 원마다 다릅니다. 그 명칭을 보면 그 원이 추구하는 교육철학이 무엇인지를 파악할 수 있습니다. 영역의 명칭은 흥미영역(interest area), 활동영역(activity area), 그리고 학습영역(learning area) 등입니다.

첫째, 흥미영역을 사용하는 원은 유아교육이론 중 성숙이론(maturation theory)에 근거한 개방주의 교육프로그램을 운영하는 원입니다. 영역의 명칭이 아동의 흥미나 욕구에 따라 수시로 바뀌며, 예를 들면 '만들기영역', '관찰하기영역', '낙엽모으기영역', '봄옷영역' 등입니다.

둘째, 활동영역의 명칭을 사용하는 원은 인지발달이론(cognitive-developmental theory)에 근거한 상호작용주의 교육프로그램을 운영하는 원입니다. 영역의 명칭이 주로 목공영역, 조작영역, 구성영역 등입니다.

셋째, 학습영역(learning area)의 명칭을 사용하는 원은 행동주의이론(behavior theory)에 근거한 것으로 주로 영역의 명칭이 교과영역의 명칭을 따서 사용하는 원입니다. 수학영역, 음악영역, 과학영역 등입니다.

### 질문 7 : 유아교육기관의 교육시간은 어떻게 되나요?

유치원은 만 3세부터 초등학교 취학 전 유아를 대상으로 3시간 이상 5시간 미만 반일제, 5시간 이상 8시간 미만 시간연장제, 8시간 이상 종일제를 운영하고 있습니다. 초등학교와 마찬가지로 방학이 있습니다.

어린이집은 만 0~6세 영·유아를 대상으로 일일 보육시간이 8시간 이상인 종일제 프로그램을 운영하며 원칙상 방학이 없습니다. 어린이집의 경우 일일 8시간 이상의 종일제 보육프로그램을 원칙으로 하지만, 최근에는 취업부모나 특별보육을 원하는 학부모를 위한 24시간 보육프로그램, 일요일·공휴일 보육프로그램 등 다양한 보육프로그램을 운영하고 있습니다.

원의 교육시간은 원미디 자율적으로 결정히여 운영하는 것으로 원의 프로그램에 따라 다양합니다. 각 유치원, 어린이집은 학부모의 요구나 유아의 발달을 고려하여 교육시간을 융통성 있게 조정할 수 있습니다.

### 질문 8 : 유치원에 보내는 것이 좋을까요? 어린이집에 보내는 것이 좋을까요?

참 간단하면서 어려운 질문입니다. 유치원은 만 3세부터 입학이 가능하며, 초등학교 취학 전까지 3년간 교육을 받습니다. 그리고 어린이집은 만 0세부터 입학이 가능하며, 6년간 보육을 받습니다. 초·중등학교의 경우, 거주지에 따라 다녀야 할 학군이 결정되므로, 임의적으로 학교를 옮길 수 없지만, 유치원이나 어린이집은 아직 이러한 규정이 없기에 원을 임의대로 옮기는 것이 가능합니다.

그러나 교육적 관점에서 보면, 0~8세의 유아기에는 잦은 원이동, 잦은 담임교사의 교체는 유아에게 바람직하지 않습니다. 그래서 처음에 어떤 원을 선택하느냐가 중요합니다.

원을 선택할 때 환경이나 시설도 중요하지만, 원의 교육방침 및 교육철학, 교직원의 전문성(자질 및 학력 등), 원의 교육프로그램 등을 세심하게 살펴볼 필요가 있습니다. 이외에 영양사, 조리사, 간호사, 운전사 등의 자질도 꼼꼼하게 살펴봐야 합니다.

그리고 유치원에서 어린이집, 어린이집에서 유치원으로 옮길 수 있지만, 적응상의 문제가 발생할 수도 있습니다. 따라서 타 기관으로 옮기기 전에 반드시 원의 제반 특성 등을 사전에 면밀히 검토한 다음, 가능한 유사성이 많은 원을 선택하는 것이 좋습니다.

## 질문 9 : 유아교육기관에서는 공부는 안 시키고 놀이만 하나요?

유치원이나 어린이집을 참관한 대다수 학부모의 첫 반응이 이러합니다. 이는 유아교육에 대한 이해부족에서 비롯하였다고 봅니다. 유아는 그 발달특성상 문자나 숫자와 같은 추상적 기호와 상징들을 익힐 수 있는 발달 준비가 되어있지 않습니다. 숫자나 문자를 학습하고 익히기 위해서는 먼저 구체적인 실물들이나 대상들과의 다양한 탐색 활동이 선행되어야 합니다.

영ㆍ유아는 발달적으로 자기중심성, 독창성, 활동성, 호기심들이 매우 강히므로 정해진 좌서에서 정해진 자료에 의한 반복학습을 피하는 것이 바람직합니다. 학부모들의 기대와는 달리 교사의 지도에 따라 기계적으로, 수동적으로 움직이는 그런 학습 분위기는 유아의 성장과 발달을 해칠 수도 있습니다.

유아의 의지대로, 원하는 교구나 교재를 갖고 활동적으로 상호작용하는 열린 학급분위기가 절대 필요합니다. 이러한 분위기를 통해 유아는 그 시기의 발달에 필요한 발달과업 등을 충실화하게 됩니다. 교실에서 잘 노는 것처럼 보이는 유아가 원의 생활에 잘 적응하는 유아라고 생각할 수 있습니다.

# 글로벌 유전인자를 기르자!

만일 인류가 계속해서 생존하기를 원한다면 인류는 새로운 방식으로 사고해야 한다.                                          ... 아인슈타인

세상은 변화를 거듭합니다. 어제의 습관대로 오늘을 살 수 없고, 오늘의 방식으로 내일을 맞이할 수 없습니다. 국경, 민족, 종교, 풍습의 뚜껑이 활짝 열린 지구촌시대입니다. 조금만 방심해도 지구촌시대·글로벌시대·다문화시대·다원화시대·다양화시대의 장애인으로 전락할 수 있습니다. 왜냐고요? 우리는 한번도 이런 글로벌시대에 요구되는 '글로벌 유전인자' 를 제대로 학습한 적이 없기 때문입니다. 우리의 선대들이 글로벌 변화에 능동적으로 대처할 수 있는 '글로벌 DNA' 를 우리에게 배양시켜 주지 않았기 때문입니다. 우리는 절대로 선대들의 잘못을 어린 자녀세대에게 반복해서는 안 될 것입니다.

글로벌 유전인자의 핵인 국제언어인 영어를 예로 들어 보겠습니다. 한국의 일류대학 출신이라면 영어로 된 세계명작소설이나 일간 영자신문쯤은 줄줄 읽는 사람은 많습니다. 하지만 외국인을 만나거나 국제회의에 참석하면, 그만 벙어리신세 즉 글로벌 언어장애인이 되고 맙니다. 정상적으로 대학을 졸업하였다면, 적어도 영어를 최저 13년 이상은 배웠는데도 말입니다.

우리는 영어를 학문이나 지식으로 가르쳤지, 글로벌 소통언어로 가르친 적이 없었습니다. 13년 동안 영어를 배운 사람이 한 학기 정도 현지 연수생의 영어표현보다 못한 것이 우리의 현실이 되고 보니, 모두가 틈만 나면 현지 영어연수에 목멥니다. 우리가 영어를 가르치는 것은 영문학자나 영어학자를 배출하자는 것이 아닙니다.

글로벌 소통이 가능한 글로벌 인간으로 기르자는 것입니다. 영어로 간단한 전화할 수 있고, 영화를 볼 수 있고, 이메일을 보낼 수 있으면 족한 것입니다. 제가 만든 신조어인 ‘글로벌 유전인자’, ‘글로벌 DNA’를 지금의 세대에게 착실하게 심어주는 세상을 열어봅시다.

## 💙 꽃보다 아름다운 개성

최첨단 현대사회에 현대인이 동경하는 원시적 삶을 살고 있는 소수민족이 있습니다. 그 하나는 미 대륙의 심장부에 위치한 민족이고 다른 하나는 중국대륙의 중심부에 자리 잡고 있는 민족입니다. 이 시대를 사는 현대인에게 시사하는 바가 많은 이야기입니다.

"최첨단 사회의 미국 한복판에 현대문명과 등지고 사는 소수민족이 바로 아미쉬(Amish) 족입니다. 아무런 불편 없이 그들만의 행복한 삶을 영위하고 있어 현대인의 시샘을 받는 종족이기도 합니다. 이들은 펜실베이니아, 오하이오, 인디애나주 등에 분산하여 거주하고 있으며, 이들이 사는 마을에는 전기, 전화기, TV, 컴퓨터, 냉장고, 자동차 등이 하나도 없습니다. 교통수단은 소달구지이며, 그들의 자녀들은 그들이 자치적으로 만든 학교에만 보냅니다. 그들의 일상생활은 마을 전체의 공동생활 중심으로 이루어지고 있습니다. 예를 들어, 어느 가족이 곡식 저장창고가 필요하면, 마을의 남자들 모두가 함께 창고를 설계하여 짓고 그 부인들은 식사준비 등 뒷바라지를 함께 하며 금방 창고를 짓게 됩니다."

"중국대륙 북쪽지방의 북경과 남쪽지방의 항주를 잇는 '경항 대운하'가 있습니다. 중국 고대 수나라의 황제인 양제가 이를 건설하였으며, 이 운하는 지금도 중국의 북쪽과 남쪽의 물류운반 중심축 역할을 담당하고 있습니다. 이 운하가 화물을 실고 북경을 출발하여 목적지에 당도 후 다시 북경으로 귀향하는데 대략 일 년 정도 걸린다고 합니다. 바로 이 운하의 선박에서 연중 내내 거주하고 있는 삼판(Sampan)이라고 부르는 하우스보트(houseboat) 족이 있습니다. 자녀들은 배에서 태어나고, 자라며, 성장하여 결혼을 합니다. 이들은 선상에서의 생활에 습관이 되어버려 육지의 생활이 전혀 불가능합니다. 육지에 상륙하면 제대로 걷지도 못합니다. 마치 육지 사람이 처음 배를 탔을 때 몸을 가눌 수 없거나 뱃멀미를 하는 것처럼 이들도 육지에 처음 상륙하면 제대로 몸을 가누지 못합니다. 이런 현상을 그들은 '땅 멀미'라고 부른답니다."

아미쉬 족과 삼판 족의 생활모습이 현대인의 생활상에 던져주는 시사점들이 참 많다고 생각합니다. 문명이기文明利器와 멀리한 이들의 삶에서 현대인이 염원하고 추구하는 참다운 삶의 가치와 기능이 내재하고 있음을 봅니다.

요즘 현대인 사이에 유행하고 있는 웰빙문화, 환경친화적 문화, 로하스 트렌드 등에 담겨있는 가치들이 이미 아미쉬 족이나 삼판 족의 경우 일상의 생활이 되고 있는 것입니다. 이들은 이미 매일매일 현대인의 추구가치들을 실천하고 있는 것입니다. 이들은 자연에 순응하고, 자연과 함께하며, 그리고 자연과 공생하여 살면서 불평, 불만, 그리고 스트레스를 전혀 갖지 않습니다. 간단한 문화이기文明利器 하나 없이 초현대사회 복판에서 가장 인간다운 삶을 떳떳하게 영위하는 그들의 삶에서, 우리 현대인은 수많은 교훈을 암시받게 됩니다.

현대인은 종족, 국적, 종교 등과 같은 횡적 다양성도 수용해야 하고 원시사회, 중세사회, 근대사회, 현대사회 등과 같은 종적 다양성도 수용하면서 살아야 합니다. 한 가지 시각, 한 가지 기준, 한 가지 가치, 한 가지 문화, 한 가지 역사, 한 가지 종교, 한 가지 언어, 한 가지 예술 등에 의해서는 앞으로 전개될 글로벌시대의 주역 구실을 결코 바르게 할 수 없게 될 것입니다.

그래서 글로벌시대의 핵심가치가 바로 다양성과 다문화성이고 이를 위한 필수역량의 배양이 바로 글로벌 유전인자입니다. 모든 사람을 한열로 세워, 누가 가장 키가 크느냐를 따지는 것은 무의미합니다. IQ점수를 기준으로 누가 누구보다 머리가 좋은가를 따져보는 것도 무의미합니다. 개인마다 평가기준이나 비교기준이 모두 다 다른 그런 시대입니다. 모두에게 일률적으로 적용되는 절대적, 획일적, 보편적, 표준화된 비교기준은 더 이상 받아들여지지 않습니다. 그 대안이 있다면, 그것은 바로 각자가 갖는 다양한 '개성', 그것을 만개滿開하게 하는 잣대가 하나 있을 뿐입니다.


## 💙 글로벌 유전인자를 찾아 기르자

글로벌시대에 요구되는 인간상은 무엇일까? 그것을 안다면, 우린 지금 세대에게 글로벌 유전인자를 바르게 찾아 길러줄 수 있을 것입니다. 다음의 예화들에서 우린 글로벌 인간상의 참모습들을 엿볼 수 있을 것입니다.

예화 A : 미국의 세계적인 아동용품회사인 홀마크(Hallmark)의 대표적 광고입니다. 한 어린이가 학교수업을 끝내고 귀가하는 장면으로 광고는 시작됩니다. 현관입구에 도착한 어린이가 '딩동딩동' 벨을 누르자, 어머니는 기다렸다는 듯이 반갑게 문을 확 열다가 어린이와 그만 부딪치고 맙니다. 책가방에서 책들이 바닥에 주르륵 쏟아지자 엄마는 쏟아진 책들을 주어 담다가 담임교사가 어머니 앞으로 보낸 편지 한통을 발견하게 됩니다. 잠시 이 편지를 읽는 어머니의 얼굴이 상기되더니 갑자기 어린이를 가슴품안으로 와락 끌어안습니다.

그 편지내용은 야외놀이시간에 어린이가 바깥에 나가 재미난 놀이를 하지 않고 몸이 아파 양호실에 누워있는 친구를 간호하여 준 것을 칭찬하는 내용이었습니다. 가장 인상적인 대목은 어머니가 담임교사의 편지를 발견하고 어린이에게 "이것이 무엇이냐?"라고 물었을 때 어린이가 "별 일 아니에요.(Nothing Special.)"라고 대답하는 장면입니다.

어머니는 어린이의 이런 반응에 더욱 큰 감동을 받게 됩니다. 어머니는 어린이가 정말 대견한 일을 하였다고 생각하지만, 어린이는 으쓱대지도 않고 오히려 할일을 한 것처럼 태연스러운 모습을 어머니에게 보였기 때문입니다. 어머니는 어린이의 이러한 성숙한 모습을 보고 표현할 수 없는 무한한 보람을 느낍니다. 이 광고는 글로벌 부모가 바라는 자녀성공의 가치가 무엇인지를 알려주는 광고입니다. 그건 바로 '타인배려' 능력입니다.

예화 B : 부시행정부 제1~2기 노동부 차관보를 지낸 한국계 전신애 여사의 이야기입니다. 그녀는 재미한인회에 초빙되어 '미래의 자녀교육 방안'에 관한 특강을 한 적이 있습니다. 그녀는 특강에서 "가까운 미래에는 지금 인기 있는 직종의 90퍼센트 이상이 사라질 것이고, 좋은 직장을 가진 여러분의 자랑스러운 남편들도 정년까지 최저 5~6번 정도 다른 직종으로 옮겨야 될지 모른다."고 역설하였습니다.

이어서 그녀는 지금의 어린이 교육내용과 교육방법은 다음의 세 가지 역량 즉, 기초학습능력, 감성능력, 지원봉사능력 등이 학습되도록 변화되어야 한다고 강조하였습니다. 무엇보다 유아기부터 감성역량 및 자원봉사능력 등의 배양에 많은 교육기회 부여를 재미한국인 부모에게 당부하였습니다.

예화 C : 세계의 글로벌 국가들과 기업들이 추구하는 인간상도 독특합니다. 무엇보다 글로벌 국가의 대표적 예로 과거의 EC경제협력기구에서 출발하여 통합국가 체제로 발전시킨 EU를 들 수 있습니다. EU회원은 이미 자국의 화폐를 폐기하고 유로화라는 화폐단위로 통일하였습니다. 이 EU는 미래의 EU시민양성을 위한 필수기본능력으

0세부터 글로벌 유전인자를 개발하라

로 2개 이상의 외국어, 대인관계능력, 창의성, 문제해결능력 등을 설정하고 운영하고 있습니다.

글로벌 기업의 경우도 봅시다. 초일류 글로벌 기업들은 종사자의 핵심자질로 '자원봉사능력과 사회공헌능력' 을 최우선으로 들고 있습니다. 이미 일부 글로벌 기업의 선두주자들은 전사적 차원에서 이 자질들을 실천하고 있습니다.

예를 들면, 마이크로소프트의 전 회장인 빌 게이츠가 그의 부인과 함께 '빌&멜린다 게이츠 재단' 을 설립하고 인권, 환경, 보호, 인종차별개선 분야 등에서 사회공헌을 실천하고 있다든가, 존슨&존슨사도 '모유먹이기 캠페인' 과 같은 자원봉사활동을 벌이고 있기도 합니다. 그리고 한국의 삼성은 어린이집 운영 및 고엽제 어린이 돕기를, 포스코는 유치원 및 학교운영을, LG는 사스퇴치 및 문화페스티벌을, 그리고 SK는 장웬방(장학퀴즈) 등에 적극 참여하고 있습니다.

예화 D : 피터슨(Peterson)은 그의 저서 〈문화지능(*Cultural Intelligence*)〉(현대경영연구소 역, 2006, pp. 142–155)을 통해 다원사회의 인간상으로 하버드대학교 가드너(Gardner) 박사가 제안한 다중지능을 예로 들었습니다. 글로벌 시대는 고정적, 불변적 지능보다 융통적, 실천적 지능이 요구되며, 다중지능이 글로벌시대의 문화통증, 문화우울증, 문화장애 등을 극복하는 핵심역량이 될 수 있다고 보았습니다.

가드너 박사의 다중지능에는 언어지능, 논리 · 수학적 지능, 공간지능, 음악지능, 신체지능, 대인관계지능, 자기이해지능, 자연탐구지능, 그리고 실존지능 등 아홉 가지가 있습니다.

앞에서 제시한 글로벌 인간상은 그동안 각 국가가 추구하여온 인간상과는 근본적으로 차이가 있다고 봅니다. 한국의 경우도 예외가 아닙니다. 한국에서 태어나 한국에서만 자라 한국에서만 일하고 한국에서만 그 생을 마감하는 종래의 인간상으로는 세계 각국과 어깨를 나란히 하는 글로벌 인재를 확보할 수 없습니다.

피터슨 박사가 지적한 문화지능, 가드너 박사가 지적한 다중지능, EU가 지적한 2개국 이상의 외국어, 창의력, 문제해결력, 대인관계능력, 초일류 글로벌 기업이 지적한 자원봉사능력과 사회공헌능력, 그리고 홀마크 광고에 등장한 글로벌 알파맘과 베타맘들이 열광하는 타인배려 능력 등등 … 이들 역량은 우리가 글로벌 유전인자로 규정하고 추구해야 할 교육목표들이라 생각됩니다.

평소에 잘 알고 지내는 글로벌 중소기업체의 H사장은 연중 절반 이상을 세계를 몇 바퀴 돌면서 외국 바이어들과 교역상담 및 거래선 확충업무에 전력하며 살아가고 있는 사람입니다. 그는 자주 농담반 진담반으로 "외국 바이어들과 상담업무를 하다 보면, 세종대왕께서 한글을 창조하신 것이 정말로 원망스럽게 느껴질 때가 자주 있다."고 토로합니다.

만일 우리가 영어문화권이나 중국어문화권에 속하였다면, 지금처럼 글로벌언어 때문에 곤욕을 치르지 않을 텐데라고 그 고충의 푸념을 쏟아냅니다. 오죽 답답하였으면, 그리고 글로벌 유전인자에 대한 준비교육이 얼마나 부족하였으면, 이러한 볼멘소리를 할까 생각하게 만들어줍니다.

## 💙 글로벌 DNA 이렇게 길러야 – 라이스 미국무장관

글로벌 DNA를 유아기부터 적기에 계발·육성시켜 세계가 존중하는 존경인이 된 실화를 소개하고자 합니다. 그 사람은 바로 현 힐러리 국무장관의 전임 장관이었던 라이스입니다. 부시 행정부의 최장수 국무장관인 그녀는 8년 동안 글로벌 외교의 수장으로 막강한 영향력을 행사하였고 미국의 권력서열 3위에다 차기 여성대통령의 강력한 후보로 예견되는 인물이기도 합니다. 한국에도 두 차례 정도 방문하여 우리에게도 친숙한 지도자입니다. 그의 오늘은 어린 시절 부모의 글로벌 DNA의 육성에서 비롯된 것입니다.

그녀는 백인도 남자도 결혼한 사람도 아닙니다. 미국 상류사회의 강점을 하나도 갖지 않았고, 가졌다면 소수민족의 대표적 특성만을 가졌습니다. 만일 그의 부모가 유아기부터 글로벌 인간상, 즉 글로벌 유전인자를 적기에 길러주지 않았다면, 오늘의 존경과 영광은 결코 없었을 것입니다. 그녀의 부모는 흑인치곤 성공한 엘리트였습니다. 아버지는 장로교 목사였으며, 어머니는 음대 교수였습니다.

라이스는 처음으로 흑백분리등교 원칙이 대법원에서 위헌으로 판결되어 흑인도 백인과 함께 스쿨버스를 타고 등하교하는 것이 처음 법적으로 허용되던 해에 태어났습니다. 그녀의 부모는 백인이면 누구든지 갈 수 있는 레스토랑에서 샌드위치 하나 제대로 사먹을 수 없이 철저히 백인으로부터 냉대와 무시를 받고 평생을 살아왔습니다.

하지만 부모는 엘리트인지라 다가오는 글로벌 변화를 제대로 읽고 있었습니다. 자녀만은 자신들이 겪은 같은 불행의 삶을 반복해서는 안 된다고 다짐하였습니다. 항상 라이스에게 "백인보다 2배 이상 더 잘하지 않으면, 백인과 동등한 대접을 받을 수 없다."라고 말해주었습니다. 부모의 이 말은 라이스에게 "흑인은 백인보다 2배 이상 잘하지 않으면, 인간대접을 받지 못한다."라는 의미로 받아들어졌다고 합니다.

부모는 라이스에게 만 2~3세부터 모국어인 영어 외에 3개 외국어(프랑스, 스페인어, 러시아어)를 배우게 하였고, 그 당시 흑인신분으로 상상할 수 없는 사립학교에 라이스를 다니도록 배려하였습니다. 그리고 만3세부터 피아노도 체계적으로 가르쳤습니다. 그녀의 피아노 실력은 세계적 첼리스트 요요마와 뉴욕 스퀘어 광장에서 협연을 하였을 정도로 최정상급 수준입니다.

그녀가 고등학교 졸업 시에 학교에서 미국 최고의 줄리아드음대나 인디애나음대에 장학생으로 추천될 정도로 천부적 음악재능을 가졌음에도 부모의 권유대로 그녀는 동유럽 국제정치학(구 소련정치학) 전공을 선택하였습니다. 당시 만해도 그녀의 전공 선택은 그 누구도 예상할 수 없는 기이한 선택이었다고 합니다.

　그러나 구 소련연방이 붕괴되고 동유럽공산권이 분열되면서 이 분야의 전문가가 국가에서 절실히 필요하게 되었습니다. 그녀는 스탠퍼드대학교 국제정치하과의 교수에서 일약 부시 행정부의 국가안보회의 특별안보보좌관으로 전격 발탁되는 영광을 안았습니다. 그후 그녀의 승승장구는 부모로부터 물려받은 글로벌 DNA에서 비롯되었습니다.

　그녀는 흑인이면서, 블랙영어를 구사하지 않고 백인영어를 능수능란하게 구사하여 상류층 백인의 호감을 받았고, 스포츠에도 열성 팬을 넘어 해설가 수준의 전문성을 보이는 등 문자 그대로 글로벌 인간상을 잘 갖춘 표본인물입니다.

　그렇습니다. 글로벌 인간상은 글로벌시대에 접어들었다고 하여 저절로 형성되는 것은 결코 아닙니다. 라이스의 부모처럼 철두철미하게 글로벌 DNA를 유아기부터 계발하겠다는 의지와 노력에 의해서만 그 결실을 얻을 수 있는 것입니다. 글로벌 DNA는 지금 한국부모와 한국사회가 추진해야 할 제1차적 국책사업의 하나가 되어야 한다고 생각합니다. 글로벌시대에 한국인의 생존, 성장, 그리고 번영과 직결된 유일한 방도이기 때문입니다.

# 노벨인 양성은 유아교육이 적기 …

교육은 미래를 향한 입장권이다. 그 이유는 미래는 오늘 이 시간
미래를 위해 배운 사람들의 것이기 때문이다.                    … 엑스

지금의 세계경제는 금융위기 → 경기침체 → 불황 → 대공황의 순
환고리 방향으로 치닫지는 않을까 걱정이 앞섭니다. 우리는 10년 전
에 이미 한차례 IMF 한파를 거쳤기 때문에 지금 한국인의 걱정과 우
려는 이만저만한 것이 결코 아닙니다. 세상사의 고통과 고난의 모든
원인은 사람한데서 비롯되는 것 같습니다. 누군가 말하였습니다. “역
사는 오류가 없습니다. 역사가가 오류를 짓고 있는 것입니다.” 저도
그렇게 생각합니다. 기업경영이든 국가경영이든 교육경영이든 경영
에는 오류가 없다고 봅니다. 다만 있다면, 경영하는 사람이 오류를
만들고 있다고 봅니다.



0세부터 글로벌 유전인자를 개발하라

　　누구든 훌륭한 역사를 만들고 싶어하고, 후세에 길이 남을 경영을 하고 싶어합니다. 그렇다면 우리는 훌륭한 역사가나 후세에 길이 남을 경영가를 육성하는데 얼마나 많은 애정과 시간을 투자하였는지 묻고 싶습니다. 제가 평소에 가장 좋아하는 말이 있습니다. "이 세상에는 공짜가 없다."입니다.

## 💙 위기와 기회의 조우

　　동양권에서는 위기를 한자어로 '危機'라고 표현합니다. 危機의 '危'는 위험을 뜻하는 것이고, '機'는 기회를 뜻하는 것입니다. 위기라고 느끼는 그 순간이 바로 얻고자 하는 것을 쟁취할 수 있는 절호의 기회라는 뜻이 함축되어 있습니다. 하지만 우리 기업과 국가는 위기를 기회로 적극 활용할 수 있는 인재를 양성하여 왔으며, 그러한 인재를 확보하고 있느냐고 되묻고 싶습니다.

　　미국의 세계적인 아동학자 유리스 브론펜브레너(Uris Bronfenbrenner) 박사는 "한 국가의 미래발전을 위한 결정지수는 GNP, 군사력, 수출량, 전기생산량, 출산율, 평균수명, 우주산업기술 등이 아닙니다. 그것은 바로 현세대가 다음 세대에 대해 갖는 관심도입니다."라고 말하였습니다. 과연 우린 얼마 만큼 다음 세대를 위한 헌신과 투자를 하였으며, 그것을 지속해 왔는가를 다시 묻고 싶습니다. 특히 기업차원에서, 국가차원에서의 헌신과 투자 말입니다.

한국의 인재양성은 연간 30억조에 달하는 사교육비가 말해주듯, 학부모의 개인 쌈짓돈에서 비롯되었음을 그 누가 감히 부정할 수 있습니까? 이제는 기업과 국가가 나서야 할 차례라고 봅니다. 이웃나라 일본을 타산지석으로 삼아 우리의 노벨상 후예를 양성하고 육성하는 국가의 틀을 만들어내야 할 것입니다.

2008년 10월, 일본은 노벨물리학상 수상에 이어 노벨화학상까지 휩쓸었습니다. 일본 열도가 후끈 달아오른 것은 너무나 당연한 것입니다. 총 16번째의 노벨상 수상 기록입니다. 그런데 우리에게는 진정한 노벨상 수상자가 한 명이라도 있는지요?


## ♥ 기다리는 연구문화

일본의 성공요인 중 하나는 일본의 과학교육방법에서 찾아볼 수 있을 것 같습니다. 일본은 오래 전부터 암기식 교육이나 입시위주 교육을 지양하고 흥미중심의 문제해결의 교육방법을 채택하여 왔습니다. 또한 학생의 관심분야에 대한 탐구습관을 어릴 때부터 길러주는 교육방식도 한 몫 톡톡히 한 것으로 여겨집니다.

2008년 노벨물리학상 공동수상자인 '남부 요이치로' 시카고대학교 명예교수는 인터뷰에서 '물리학의 묘미는 퍼즐과 같은 수수께끼를 푸는 재미'라고 지적하면서, 자신은 일본 초등학교 과학시간에 가장 흥미를 느꼈다고 술회하였습니다.

다른 하나는 기업과 국가의 전폭적인 지원체제라고 봅니다. 2002년에는 '다나카 고이치'가 대졸 학력으로 노벨화학상을 수상하였습니다. 그의 노벨상 수상은 일본기업이 연구분야 지원사업에 얼마나 진지하고 열성적인가를 단적으로 보여줍니다. 그는 실험을 마음대로 할 수 있는 기업을 선택하여 입사하였고, 노벨상 수상 후에도 기업에서 이사직을 제의하였으나 이를 거절하고 계속 연구직을 고수하였다고 합니다.

한국인의 상식과는 너무 대조적입니다. 모든 것이 기업의 생산이나 실적, 그리고 경영이익과 직결되지 않는 연구 사업은 전무한 상태이고, 어느 기업을 막론하고 한결같은 기업의 푸대접 제1호 대상 직종이 바로 연구직이란 사실입니다. 이외에 일본정부의 연구지원도 빠뜨릴 수 없는 성공요인입니다. 일본의 관방장관은 우주탄생의 원리규명을 위한 국제 프로젝트인 선형가속기를 일본이 유치할 것임을 공약하고 있습니다. 이 프로젝트는 건설에만 수조원이 들어가는 엄청난 사업이며, 당장 생산과 무관한 순수기초설비 사업입니다.

그렇습니다. 우리의 경우, 한때 황우석 박사팀의 줄기세포 연구 분야가 세계 최고의 수준에 머문 적이 있었습니다. 기업이나 정부는 뒤에서 조용히 그 성공을 기원하는 적극적인 연구지원을 하지 않고, 오히려 이들의 연구 성과들을 기업이나 국가의 업적홍보 쌓기에 급급하여 서둔 적이 있었습니다. 청와대의 보좌관의 진두지휘 하에 무리하게 성과를 앞당기는 요구를 하기도 하였습니다. 결국에는 기업과 정부가 서두르다가 한국과학이 세계의 조롱의 대상이 되고 말았습니다.

결국에는 조작된 연구결과가 국제학술지에 게재되는 일이 발생하였고 한국인 내부자의 고발에 의해 착수한 진상규명위원회는 연구전 과정이 고의적으로 조작되었음이 밝혀졌습니다. 이는 세계적 파문을 낳았고 한국인은 세계인 앞에 얼굴을 들고 다닐 수 없게 되었습니다. 당시에 모든 한국인이 느낀 허탈한 심리적 공황상태는 지금 경제위기의 공황불안과 그 양이나 질에서 비교가 안 될 정도로 엄청난 충격파를 던져주었습니다. 연구책임자인 황우석 박사 및 그 연구팀의 도덕성에 제1차 원인이 있다고 하겠지만, 더욱 큰 근원적 원인은 연구업적을 가져올 수 있는 환경조성에 실패한 기업과 정부에 더 큰 실질적 책임이 있다고 하겠습니다.


## ♥ 설익은 야심, 없는 게 더 나아!

서울대학교는 2008년 9월 개교 62주년을 맞이하여, 서울대학교 총장은 노벨상 수상자 배출을 위한 '서울대 노벨상 프로젝트' 추진을 야심차게 선언하였습니다. 늦은 감이 있지만, 그나마 다행이라는 생각이 들면서도, 은퇴를 앞둔 노벨상 수상자를 비롯한 세계정상급 교수 20여 명을 데리고 오겠다는 그 방법이 왠지 맘에 들지 않습니다.

노벨상이 스포츠게임처럼 감독이나 코치 한두 사람 외국에서 영입한다고 하여 얻어질 수 있는 것으로 생각하는 것 같아서 말입니다. 이보다 더 중요한 전략은 현재 대한민국의 젊고 참신한 신진학자들 중에서 세계적 수준에 버금가는 역량에 근접하는 학자들을 기업이나 국가가 집중적으로 발굴, 육성할 수 있는 연구풍토를 조성하는 것입니다.

제가 유학한 미국 오리건대학교의 물리학과(실험용 원자로 가동)의 연간예산이 국내에서 제일 큰 대학교의 하나인 부산대학교의 연간예산과 비슷하다는 사실을 유학중에 우연히 알게 되었습니다. 당시에 미국대학들은 한국대학에 비해 기하급수적인 연구예산을 확보하고 있었음에도 불구하고, 부족한 연구예산의 확보에 대학경영인이 총망라하여 연구기금조성에 동분서주하고 있었습니다. 대학의 행정당국은 성부, 국회, 기업, 동문회, 지역유지 등에 대학연구기금을 조성하는데 거의 사활을 걸고 있었고, 연구기금실적이 부족한 대학이나 학과의 석·박사프로그램은 과감하게 구조조정(M&A)을 감행하였습니다.

30년 전에 제가 본 미국대학은 '신성한 상아탑, 불가침 성역, 혼탁한 사회로부터의 고고함'이란 이미지를 어느 한 곳에서도 찾아볼 수 없었습니다. 대학도 사회도 국가도 하나의 살아있는 조직체일 뿐이었습니다. 조직은 조직구성원을 위해 존립하여 그들의 이익과 행복을 보장하고 지킬 책무가 있다는 인식을 확고히 하는 그런 대학, 사회요, 그리고 국가였습니다. 지금의 한국대학의 발버둥이 당시 미국대학의 발버둥과 유사하다고 생각합니다. 우리는 정확하게 30년 늦게 그 고민을 '지금' 하고 있는 것입니다.

## ♥ 미래 노벨인의 배양토 – 유아교육

2008년 현재 대한민국의 국가경쟁력은 세계경제포럼 발표에 의하면, 미국이 1위이고 한국은 영국 다음으로 세계 13위입니다. 그리고 2008년 〈더 타임즈〉가 발표한 세계대학평가 자료에 의하면, 세계 200위 안에 한국의 대학교가 3개가 포함되어 있습니다. 서울대학교 50위, KAIST 95위, 그리고 포항공대 188위뿐입니다. 한국의 국가경쟁력은 세계 10위권이지만, 미래의 한국의 국가경쟁력을 가늠할 수 있는 한국의 대학교 경쟁력은 이보다 훨씬 못 미친 성적표를 갖고 있는 셈입니다.

서울대학교를 기준으로 삼는다면 세계 50위권이며, 3개 대학평균을 기준으로 삼으면 세계 111위권입니다. 국가와 기업이 나서서 한국의 교육수준을 경제력 수준에 버금갈 정도로 끌어올릴 수 있는 획기적이고도 거국적 차원의 정책추진이 필요합니다.

국가가 노벨상 수상자를 한 명 배출한다는 것은 그만큼 국가 브랜



0세부터 글로벌 유전인자를 개발하라

드가 급상승되는 엄청난 시너지효과를 가져옵니다. 미래학자인 엘빈 토플러의 말을 인용하지 않더라도, 한 명의 인재가 10만 명을 먹여 살리는 두뇌시대에 우리는 살고 있는 것입니다. 어느 국가가 얼마나 많은 고급두뇌를 가지고 있느냐에 따라 미래국가의 흥망성쇠가 결정 되는 시대이기도 합니다.

이러한 고급두뇌의 육성은 일시적인 지원이나 반짝하는 미봉책에 의해 그 소기의 성과를 이루어낼 수 없는 것입니다. 우리는 일본이 과학 분야에서 괄목할 성과를 거둔 근본적인 이유들을 눈여겨봐야 할 것입니다. 그 이유 중의 하나가 일본 민족이 자랑하는 '장인정신' 입니다. 몇 세대를 걸쳐서 이어지는 가업정신이 그들이 오늘날과 같

은 위업을 달성하는 근간이 되었다는 것입니다. 우연이 아닌 기연이 그들의 성공을 가져왔음을 말해주는 대목 입니다.

과연 우리는 어떻습니까? 지난 5년간 국제과학올림피아드 수상자 98명 중 47퍼센트에 해당하는 46명이 이공계진학을 포기하고 장래가 보장되고 취업전망이 좋은 의과대학에 진학한 사실이 우리사회의 정서를 잘 반영하여 준다고 봅니다. 한국의 사회정서는 국가의 장래이익에 직결되는 것보다 눈앞에 전개되는 개인이익에 직접적으로 관련되는 것에 모든 이해관계가 집중되어 있습니다.

기업과 국가가 이공계를 푸대접하기 때문에 우수한 과학올림피아드 학생들이 이공계대학을 피하는 점도 있습니다. 비단 이것만은 아닙니다. 전 한림대학교 총장인 정범모 박사는 1995년 미래유아교육학회의 기조강연을 통해 한국의 미래국가 경쟁력은 '유아교육의 강화' 에서 그 해법을 찾아야 한다고 역설하였습니다.

한국이 가야할 길이, 한국이 세계의 열강 속에서 우뚝 설 수 있는 길이 바로 교육이며, 그 중에서도 가장 기초교육인 유아교육에서 그 해결의 단초를 마련해야 한다고 확신합니다. 일본의 노벨 물리학상 수상자가 초등학교 시절 과학을 퍼즐처럼 재미있게 공부했던 이유가 영광을 가져온 원동력임을 소신 있게 말하는 데서 우리는 귀중한 해결책의 방도를 찾아볼 수 있을 것입니다.

만일 우리의 유아교육이 어린이 속에 꼭꼭 숨겨져 있는 신비의 껍질을 한 껍질씩 벗겨낼 수 있는 방법을 보여주고, 어린이가 언제 어디서든지 자유자재로 잠재적 역량을 발현할 수 있는 기회가 제공된다면, 이렇게 자란 어린이가 노벨상을 정복하는 일은 시간의 문제라고 할 수 있을 것입니다.

## 💙 유아교육에도 자격증 시대

우리는 어린이의 감추어진 본능의 뚜껑을 열어주지 못하고, 오히려 닫아버리는 경우가 허다합니다. 어린이의 본능 뚜껑을 아무나 열수 있다는 무지 때문입니다. 어린이의 감추어진 본능 뚜껑을 활짝 열 수 있는 유아교구 중에서 몬테소리 교구와 가베 교구가 대표적입니다.

하지만 누구든지 이 교구를 아이에게 쉽게 가르칠 수 있고, 어떤 아이라도 원하기만 한다면 교구를 접할 수 있다고 생각하는 사람들이 많습니다. 참 안타까운 일입니다. 자격을 가진 전문가와 준비된 유아만이 이들 교구와 함께 할 수 있다는 유아교육의 ABC를 예상 외로 많은 관련자들이 망각한 채 살고 있습니다. 심지어 유아교육 전공자라 자칭하는 사람들에서도 그렇습니다.

누구나 쉽게 어린이의 신비뚜껑을 열 수 있는 것이 아닙니다. 열 수 있는 자격을 갖춘 자가 아니면, 그 누구도 어린이의 비밀상자를 열어서는 안 될 것입니다. 가장 이상적인 자격소지자는 글로벌 센서를 가지고 각 어린이의 비밀상자의 특성에 맞는 키를 제조하여, 그

키를 적기에 사용하여 어린이의 비밀보고의 신비를 한 껍질씩 벗겨
낼 수 있는 전문가입니다. 실수로 잠긴 집 열쇠 통을 여는 데도 열쇠
전문가의 도움을 받아야 열지 않습니까? 무심코 던진 돌팔매에 연못
의 개구리가 맞아죽는 것처럼, 무심코 어린이의 뚜껑을 여는 어른들
의 행위가 어린이의 희망의 싹을 싹둑 잘라버리는 결과를 가져올 수
도 있습니다.

비가 주룩주룩 내리는 날 오후, 한 꼬마가 마당의 지렁이를 발견하
고 호기심 가득한 눈으로 지렁이를 관찰합니다. 꼬마가 작은 손으로
지렁이를 들어 올리려는 순간, 어머니는 기겁을 하고 버럭 소리를 지
릅니다. 깜짝 놀란 꼬마는 지렁이를 집어던지고 겁에 질린 표정으로
어머니를 바라봅니다. 그 순간! 어머니의 괴성 한마디로 미래의 노벨
인 한 사람이 대한민국에서 사라지게 된 것입니다.

0세부터 글로벌 유전인자를 개발하라

# '좋은 유아교육기관'의 선택은 어떻게 …

나쁜 열매를 맺는 좋은 나무는 없고, 좋은 열매를 맺는 나쁜 나무
는 없다.                                                    … 성서

## 💙 공교육의 덫과 교육개혁

미 국무장관인 라이스는 2008년 10월 22일 캘리포니아 주 롱비치에
서 열린 연례 여성포럼의 주제발표에서 이렇게 말하였습니다. "교육자
의 입장에서 볼 적에 차세대 노벨상 수상자가 될 수 있는 어린이들이
공교육의 덫에 갇혀 재능을 썩히고 있습니다. 공교육의 실패로 미국이
글로벌 경제에서 앞서 나가지 못하고 있습니다. 국무장관으로서 두려
운 것은 미국이 교육경쟁력을 높이지 못해 글로벌 경쟁에서 뒤처지는
일의 발생입니다." 한때 스탠퍼드대학교 교수였다는 점을 감안하더라

도, 외교안보 분야의 전문가가 '공교육 실패가 미국안보의 최대의 적'
으로 보는 시각이 매우 충격적이면서 신선하다고 느꼈습니다.

라이스의 미국교육에 대한 우려를 보면서, 한국교육에 대한 자괴
감에 다시 한번 사로잡혀버립니다. 여러분도 잘 아시듯이, 미국교육
은 현재 한국 사교육 붐의 원조국이며, 한국의 기러기아빠 양산의 원
조국이지 않습니까?

한국의 교육개혁과 변화는 '코끼리의 비스킷'에 비유될 정도로 미
미한데도, 사소한 교육개혁정책 하나만 제시해도 전 국가가 벌떼처
럼 일어나 반대를 위한 반대를 일삼고 있습니다. 대한민국의 초일류
국가의 꿈은 일장춘몽一場春夢에 불과할지 모른다는 무력감이 느껴집
니다.


## 💙 태도가 곧 경쟁력


신입사원 A와 B는 한국 최고의 대학교인 S대 경영학부를 최고의
성적으로 졸업하고, 세계적 기업인 S사의 전략기획실에 월등한 성적
으로 입사한 수재 중의 수재로 알려져 있습니다. 두 사람은 학창시절
수석을 주거니 받거니 하면서 졸업하였고, 재학중에 나란히 공인회
계사 자격증인 CPA를 취득하였습니다.

S기업의 전략기획실은 누구나 한번쯤 근무하기를 선망하는 부서로

서, 모든 그룹계열사의 경영전략과 전술의 입안, 조정, 추진, 평가 등 총체적 전략수립이 이루어지는 그룹의 심장부입니다. 40대 초반에 임원이 되는 사관코스이기도 하며 사원의 출세가도가 훤히 열리는 황금로드이기도 합니다. 그런데 입사 후에 두 사람의 업무성향(스타일)이 두 사람의 운명을 갈라놓게 만듭니다.

**A의 경우** : 전략기획실은 팀 중심으로 업무를 진행하며, 각자마다 독자적인 업무가 주어지는 동시에 핵심 업무의 경우 팀원들이 팀장의 주제 하에 '브레인스토밍 형식'으로 팀의 중지를 모아갑니다. 주어진 현안의 과제를 각자가 연구한 후 이를 팀원 앞에서 발표하고 그것에 대해 자유토론 형식이 이루어집니다.

A는 항상 다른 팀원이 발표할 때에 귀를 쫑긋 세우고 경청을 하며, 열심히 그 내용을 메모합니다. 그리고 수긍이 가는 내용에 대해서는 진지하게 동의하는 표시로 고개도 끄덕끄덕하여 줍니다. 발표자가 누구든 A를 보면, 발표할 맛이 날 정도입니다.

자신의 발표순서가 되면 살며시 일어나 "좋은 아이디어와 멋진 아이디어는 이미 앞 발표자들께서 다하였습니다. 저도 이를 적극 지지하는 바이며, 부족하지만 저의 생각을 말씀드리겠습니다."라며 자신의 의견을 개진합니다.

상사가 특별과제를 부여하면, A는 자신의 업무는 일상적으로 진행하며 기일 내에 과제를 제출합니다. 또한 상사가 특별업무를 부탁하거나 방으로 불러 아이디어를 구하면 상사의 바쁜 스케줄을 염두에 두고, 보고서는 간단·명료하게 작성하며, 짧은 시간내에 자신의 의견을 분명히 개진합니다.

여러분도 예상하겠지만, A는 입사한 지 오래 걸리지 않아 40대 초반에 직장인의 꽃인 임원에 입문하게 되었고, 곧 전문경영인 CEO를 눈앞에 두고 있습니다.

B의 경우 : A와 같은 부서에 소속되었기에 진행되는 업무과정은 대동소이합니다. 그러나 B의 업무처리 방법과 수행은 A와 전혀 다릅니다. 팀원 회의 시 상대방의 발표내용을 몹시 못마땅해 하며, 그런 것도 아이디어라고 발표하느냐는 식의 경청태도를 취하곤 합니다(예, 손톱 물어뜯기, 볼펜 돌리기 등).

자신의 발표순서가 돌아오면, 자신만이 주어진 주제에 가장 많은 시간, 열성, 그리고 전문성을 담아 추출해낸 아이디어임을 은근히 내세우며, 앞선 발표자의 내용을 하나씩 하나씩 지적하면서 그 대안이 자신의 아이디어임을 과시합니다.

상사가 특별과제를 부여하면, 이 기회에 상사에게 자신의 실력을 보여주겠다고 작정하고 장문의 보고서를 완성한 후 보란 듯이 상사의 책상에 놓고는 자신의 일상 업무는 수행하지 않고 상사가 자신의 보고서를 제대로 보는지 감독하기 시작합니다.

상사 앞에서 자신의 의견을 개진할 때에는 자신의 역량과 실력을 알릴 절호의 기회로 생각하고 자신의 의견을 구구절절 설명하며 시간을 물 쓰듯이 소비합니다. 바쁜 상사의 스케줄은 전혀 고려하지 않고 말입니다. 참다못한 상사가 미팅 종료를 선언하고 자리를 뜨면, 따라가서 못다 한 생각을 쏟아냅니다. 그 열정은 대단하지만, 상사는 더 이상 B를 만나고 싶은 생각이 들지 않습니다.

아무리 세상을 깜짝 놀라게 할 아이디어가 있어도 그것을 들어주는 사람, 실천해주는 사람, 성공하도록 지원해주는 사람이 없다면, 그것은 허상이요, 공허한 상상에 지나지 않을 것입니다. 여러분의 짐작대로 B는 40초반에 직장인의 꽃인 임원이 되기는커녕 이미 구조조정 대상 제1호 명단에 포함되어 있는 신세입니다.

## 💙 성공의 충분조건

독자여러분! 엄밀한 의미에서 보면, A와 B의 경영학 지식은 차이가 없거나 오히려 B가 더 많을지도 모릅니다. 그런데 왜 A와 B는 서로 다른 길을 걷게 된 걸까요? 그 해답은 바로 유아교육에서 찾아야 합니다. 지식은 성공의 필요조건은 될 수 있지만, 성공의 충분조건은 되지 못한다는 것입니다.

유아교육은 초·중등 교육의 지식 중심의 교육과 달리 인성 중심의 교육을 해왔습니다. 결국 A가 성공할 수 있었던 것은 성공의 필수조건인 지식때문이 아니라 바로 성공의 충분조건인 인성(예, 자기조절, 타인배려 등)을 제대고 갖추고 있기 때문입니다.

여러분이 일상생활에서 좋아하는 것들을 한번 살펴봅시다. 어떤 음식, 어떤 색, 어떤 향기, 어떤 계절, 어떤 얼굴, 어떤 동물, 어떤 식물 등 왜 다른 것보다 특정 그것을 더 좋아하게 되었는가에 대해 곰곰이 그 근원을 한 번 추적하여 본다고 합시다. 찬찬히 거슬러 올라가보면, 그 대부분은 여러분의 기억이 정확하지 않은 영·유아기에 이미 형성된 것들이라고 말할 수 있습니다.

언론평론가인 로버트 풀검(Robert Fulghum)의 〈내가 정말 알아야 할 모든 것은 유치원에서 배웠다〉라는 베스트셀러가 시사하는 바가 매우 큽니다. 단어, 정보, 지식이 중요한 것이 아니라 그 단어, 정보, 지식이 생활 속의 적용이나 활용의 방법, 즉 실천적 지능(practical intelligence)이 매우 중요하다는 것입니다. 이를 심리학자들은 암묵지(tacit intelligence)라고 부릅니다. 암묵지를 쉽게 설명하면, '경험의 지혜'라고 할 수 있습니다. 이처럼 유아기는 미래의 성공적 삶의 충분조건인 바람직한 인성을 익히는 적기인 셈입니다.

유아의 성장과 발달을 자극하는 교육프로그램의 제공 못지않게 중요한 것이 있습니다. 유아의 21세기의 성공적 삶과 직결되는 역량을 적기에 습성화하고 생활화하는 것입니다. 이러한 올바른 성향을 유아기에 바르게 이식시켜줄 수 있는 유아교육기관의 선택이 매우 중요합니다. 지능을 높이는 것도 중요하지만, 더 중요한 것은 건전한



0세부터 글로벌 유전인자를 개발하라

생각방식과 따뜻한 가슴을 가진 사람이 되게 하는 것입니다.

저는 가끔 시간나면 미술관을 찾습니다. 작가의 작품연대, 화풍, 작품의도, 작품의 성향 등은 잘 알지만, 그 작품 자체에 몰입되어 눈물이 핑 돌거나 가슴이 쿵쾅쿵쾅 뛰는 경험을 생애 한 번도 해본 적이 없었습니다. '작가, 작품, 그리고 나'를 하나로 묶을 수 있는 감상 네트워크의 교육을 받은 적이 없었기 때문입니다.

21세기의 인간상은 지식인과 정보인 넘어 교양인, 감성인, 창조인, 소통인의 인성을 지닌 자입니다. 따라서 타인을 배려하는 아이, 다정다감한 아이, 다양한 답을 생각할 수 있는 아이로 진화시킬 수 있는 유아교육기관이 절대적으로 필요합니다.


## 💙 바람직한 인간상

21세기에 유아교육기관에서 길러야 할 바람직한 인간상 다섯 가지를 살펴봅니다.

인간상 1, 창의성 : 생각을 창의적으로 표현할 수 있는 유아입니다. 유아가 남과 다르게 생각하도록 격려하고, 유아가 만든 독특한 생각이 존중될 때 가능합니다. 개방적인 분위기 속에서 창의적으로 생각하고, 말하고, 행동하고, 표현하는 것이 허용되는 준비된 환경을 갖춘 유아교육기관에서 이것이 가능한 것입니다.

　인간상 2, 감성지능 : 남을 배려하고 수용할 줄 아는 마음, 즉 감성지능이 높은 유아입니다. 감성지능이란 자신의 정서를 바르게 인지하고, 자신의 정서를 타인에게 적절하게 표현할 줄 알며, 타인의 정서를 적극적으로 수용하고, 자신의 정서를 타인에 맞게 조절하면서 문제를 해결할 줄 아는 지능을 말하는 것입니다. 감성지능을 추구하는 유아교육기관의 준비된 환경은 유아들 간의 협동학습 기회의 활성화, 개별유아의 발달과업의 적기 충실화, 절대적 규칙이나 원칙보다 상대적 규칙이나 원칙을 중시하는 등의 원 분위기를 가져야 합니다.

　인간상 3, 소통 : 타인과 쉽게 소통을 잘하는 유아입니다. 21세기 성공인자의 하나가 바로 '소통' 입니다. 삼성그룹이 강북 태평로 시대를 접고 강남 서초동 시대를 열면서 신사옥 개념으로 강조한 것이 바로 창조, 첨단, 이외에 바로 '소통' 이었습니다. 소통은 상대방에 대한 보호(care), 신뢰(trust), 그리고 존경(respect)에서 비롯됩니다. 상대방을 아끼고, 믿으며, 공경할 수 있는 마음과 자세가 있어야 소통이 되는 것입니다.

　인간상 4, 기본생활 습관 : 기본생활 습관이 제대로 형성된 유아입니다. 기본생활 습관이란 예절, 질서, 청결, 그리고 절제를 말합니다.

21세기에 가장 필수적인 글로벌 유전인자이며, 유아기에 반드시 습성화되어야 할 인성들입니다. 일본은 예절을 통해, 미국은 질서를 통해, 싱가포르는 청결을 통해, 중국은 절제를 통해 세계강대국을 꿈꾸고 있습니다. 그렇다면, 한국은? – 글로벌 유전인자!

인간상 5, 재능 : 자신만의 고유한 능력을 발휘할 수 있는 유아입니다. 유치원의 창시자인 프뢰벨은 어린이 속에는 '철학자(philosopher), 과학자(scientist), 시인(poet)'의 마음이 들어있다고 하였습니다. 유아는 무한한 가능태를 내재한 존재입니다. 누구든 영재아·재능아·천재아가 될 수 있다는 것입니다. 이러한 유아의 잠재된 능력을 존중하고 발현시켜 줄 수 있는 준비된 환경이 필요하고 이를 제공하는 곳이 좋은 유아교육기관입니다.

좋은 유아교육기관의 선택이 21세기의 인간상을 길러낼 수 있는 기본입니다. 이제 여러분은 이러한 인성의 습성화가 가능한 준비된 환경을 갖춘 유아교육기관을 선택할 줄 아는 안목을 가져야 하겠습니다. 좋은 유아교육기관의 선택 준거들을 열거해 봅니다.

## 선택기준

1. 원장의 교육관과 경영관 여부
2. 유아교원의 전문성 여부
    - 유아교원의 학력, 경력, 연수량 등

3. 원의 교육프로그램 질 여부

  - 차별화된 프로그램 채택 여부, 프로그램의 목표, 내용, 방법

4. 원의 규모의 적성성과 반편성의 적절성 여부

  - 적정 학급 수 및 다양한 반편성

5. 원의 교육과정 운영 다양성 여부

  - 반일제, 종일제, 시간연장제, 그리고 혼합제 운영 등

6. 유아의 반편성 기준 여부

  - 연령별, 발달수준별, 혼합연령 반편성 등

7. 정규적 부모교육 또는 부모참여 프로그램운영 여부

8. 원의 실내교구장의 발달적합성, 실내·외의 시설, 설비의 안전성 여부

9. 교사·유아 비율, 교구·교재의 충분성, 실내·실외활동 연계성 여부

10. 원의 다양한 부대시설 여부

  - 컴퓨터실, 목공실, 동·식물사육장, 유희실, 관찰실, 실외놀이터, 부모 상담실, 양호실 등

11. 원의 위치 및 주변 시설물의 적합성 여부

12. 원의 설립배경과 설립역사

13. 학부모의 평판도 및 인지도

14. 유아건강·안전·위생에 대한 규정준수 여부

  - 규칙적인 건강검진실시, 영양사 및 간호사배치, 소방시설



0세부터 글로벌 유전인자를 개발하라

점검, 화장실 위생시설 등

　모든 학부모들이 자신의 처지와 조건에 따라 원하는 '좋은 유아교육기관'을 선택할 수 있는 투명한 정보가 공개될 수 있는 제도적 장치도 하루 빨리 이루어져야 할 것입니다. 경영분야에서는 투명 경영이란 말이 있습니다. 유아교육기관이 유리알처럼 투명하게 모든 정보를 학부모에게 공개하여 학부모가 원하는 유아교육기관을 선택할 수 있는 시대를 여는 것이 21세기 한국이 초일류국가가 되는 첩경이라 생각합니다.

　다행이도 최근 교과부에선 각 대학의 정보를 인터넷에 공개하여 학부모나 기업이 투명하게 대학을 볼 수 있도록 돕고 있습니다. 새 옷을 입으려면, 헌 옷을 벗어야 합니다. 알몸이 아니면, 더 좋은 새 옷을 입을 수 없는 법입니다. 유아교육기관은 언제 그러한 투명한 시대가 올런지 ….

# 자연과 어린이

자연은 아무 생각 없이 있는 그대로의 조화와 균형을 이룬다. 자연
은 어떤 분별도 사심도 없이 있는 그대로를 무심히 드러낼 뿐이다.
... 법정

오늘날의 아동학의 체계를 정립시킨 세계적 학자, 르네상스 학풍
을 연 장본인, 바로 프랑스의 철학자이며 계몽사상가인 장 쟈크 루소
(Jean-Jacques Rousseau)입니다. 그의 대표적인 화두의 하나가 바로
"자연으로 돌아가라!"입니다. 이 의미는 무엇일까요? 영화의 주인공
타잔처럼 인간의 손에 의해 훼손되지 않은 태고림이나 밀림으로 인
간이 되돌아가야 한다는 의미일까요? 아니면 문명의 때가 묻어나지
않은 원시시대, 농경시대의 삶으로 되돌아가야 한다는 말일까요? 이
런 뜻은 결코 아닙니다. 이보다 "본디 인간의 천성은 선하다. 그 본디

선한 본성의 모습으로 되돌아가자."라는 의미일 것입니다.

인간은 끊임없이 진선미眞善美와 같은 완성의 삶을 갈망합니다. 그러나 그동안 많은 사람들이 문화와 발전이란 허울 하에 인간 그 본디의 선한 모습을 망각한 채 살아왔습니다. 자신의 미완성의 삶을 한탄하여 왔으며, 자신의 지녀만큼은 완성의 삶을 향유하기를 바라는 것이 부모들의 끝없는 갈망일 것입니다. 루소는 그 갈망의 참된 이정표를 "인간들이여, 자연으로 돌아가라!"라고 간명하게 제시하여 주고 있습니다. 현대인은 루소 발밑에 한없이 조아려도 부족할 것 같습니다.


## 💙 유아잡지 〈자연과 어린이〉

아직도 추억이 새록새록 돋아납니다. 우리나라 유아교육 잡지들은 1980년대까지만 하더라노 몇 종류가 그 당당한 위풍을 지키고 있었습니다. 유아공교육화와 보육화가 황무지 상태이었던 그 당시에 유아잡지들은 오히려 위풍당당하였습니다. 그런데 꼭 있어야 할 지금은 흔적 없이 모두다 사라져버렸으니 참 아이러니합니다. 대신 월간 여성지의 유사성격을 띤 유아교사 잡지 또는 부모교육 잡지가 그 자리를 대신 메우고 있는 실정입니다.

우리나라의 최초의 유아잡지는 1970년대 초에 한국행동과학연구소의 아동발달부에서 매월 발간된 〈아동발달〉이었습니다. 그 다음은 육영수 여사가 직접 제호를 쓴 〈꿈나무〉라는 유아잡지이었습니다. 공식적으로 한국 최초의 전국적 규모의 유아잡지는 〈꿈나무〉 잡지라고 말할 수 있습니다. 독자여러분은 꿈나무란 유아잡지보다 당시 초등학교 아동용 국민잡지로 폭발적 인기를 모았던 〈어깨동무〉를 기억하실 것입니다. 이 잡지의 제호는 박정희 대통령이 직접 쓰신 것입니다.

사실 이 잡지의 자매지인 만화부록집 〈보물섬〉을 모두 다 더 잘 기억하고 계실 것입니다. 현재 우리나라의 애니메이션, 만화영화, 팬시 산업의 주축을 이루는 대다수의 만화 작가들이 당시에는 바로 보물섬의 고정 집필진이었습니다. 보물섬은 신인 만화작가의 등용문의 역할을 하였습니다. 까치의 작가로 명성을 휘날린 국민만화작가인 이현세 만화가도 당시 보물섬의 고정 만화기고가로 활동하고 있었습니다. 저는 당시 이 두 잡지의 편집고문역을 맡고 있었습니다.

꿈나무가 1980년대 초에 폐간된 이후 유아잡지의 전통을 이어온 양대 잡지가 있었습니다. 그 하나가 바로 국민서관에서 월간으로 발행된 〈자연과 어린이〉이었고, 다른 하나는 웅진출판주식회사에서 발행된 〈웅진아이큐〉이었습니다. 이 두 유아잡지는 당시의 열악한 유아교육인식과 여건임도 불구하고 월 10만부 이상이 팔릴 정도로 유아교육 종사자, 학부모, 그리고 유아교육 전문가들의 사랑을 받았습니다.

특히 이들 중 가장 지금도 안타깝게 생각하는 유아잡지가 바로 국민서관에서 출판되었던 〈자연과 어린이〉란 유아잡지입니다. 〈자연과 어린이〉, 〈웅진아이큐〉 두 유아 잡지는 1990년대 접어들어 모두 다 폐간되어 우리의 기억 속에서 사라져 역사적 잡지로 남아있을 뿐입니다. 하지만 지금의 유아에게, 유아교사에게, 유아부모에게 꼭 필요로 하는 유아잡지가 바로 〈자연과 어린이〉가 아닌가라는 생각을 지울 수가 없습니다.

## 💙 자연은 인간의 동반자

21세기에 와서 〈자연과 어린이〉의 폐간을 더욱 안타깝게 생각하는 이유는 그때에 비해 전국토가 도시화되어 버렸고 거의 생태계가 파손되어 보존지역 이외에는 더 이상 직접 자연체험이 용이하지 않다는 점 때문입니다. 그래서 자연과의 대리체험학습을 할 수 있는 유아잡지의 필요성이 더욱 절실한 것입니다. 지금의 어린이들은 그 어느 시기보다 자연 속에서 자연과 동고동락하면서 살아야 함에도 불구하고 그 반대로 살고 있습니다. '자연실조, 생태실조, 인간실조, 그리고 문화과다, 인터넷과다' 속에 말입니다.

자연과 어린이의 만남은 자연스럽게 자연의 섭리를 넘어 인간의 신비, 더 나아가 우주의 신비를 느끼게 만드는 생태교육장입니다. 그래서 유아교육학자들은 제1의 유아교사가 '엄마'라면, 최고의 유아

교사가 바로 '자연' 임을 강조하고 있는 것입니다.

태어나자마자, 흙 대신 콘크리트나 아스팔트, 푸른 숲 대신 빼곡히 들어선 고층빌딩 숲, 새소리 · 바람소리 대신 현관초인종 부저소리, TV와 인터넷소리, 자동차경적소리, 엄마 · 아빠와의 애착형성 전에 플래시 카드나 모빌을 먼저 만나는 그러한 환경 속으로 세상에 대한 첫인상과 첫 경험을 쌓게 되는 것입니다. 요즘 들어 소아신경과나 소아정신과를 찾는 어린이환자가 급증하고 있음도 루소의 탄식과 결코 무관하지 않을 것입니다.

자연속의 체험만이 인간의 본성을 그대로 발현시킬 수 있고, 이의 추억만이 인간의 꿈과 비전의 근원이 될 수 있는 것입니다. 저는 인터넷시대에 가장 절실히 필요한 것이 있다면, 그것은 바로 '직접넷'이라고 생각합니다. 인터넷이 얼굴 없는, 표정 없는, 냄새 없는, 맥박이 묻어나지 않는 목소리라면, 직접넷은 사람과 사람의 면대면의 교감과 접촉으로 인간의 체향을 향유할 수 있기 때문입니다.

저의 직접넷의 예견이 맞기라도 하듯이 2008년 핸드폰시장 점유율 1위는 바로 터치폰, 햅틱폰이 차지하였습니다. 기업에서도 인간의 오감을 자극하는 햅틱(haptic) 경영전략을 채택하기 시작하였나 봅니다. 햅틱 마케팅전략이란 고객이 직접 온라인상에서도 구매하고자 하는 물품의 재질이나 옷감 등을 직접 촉감으로 체험하면서 구매하게 하는 마케팅전략 기법을 말하는 것입니다.


## ♥ "엄마, 거실에 걸린 괘종시계도 동물이지?"

2008년 11월에 경남 창녕에서 제2회 세계습지생태박람회가 열렸습니다. 창녕 지역에는 한국을 대표하는 습지인 우포늪 습지보호지대가 있습니다. 차츰 사라져가고 있는 자연생태를 보호하여 상실되어 가는 있는 인간본성을 회복하고 보존하자는 것입니다. 사라져가고 있는 인간의 꿈과 비전을 보전하자는 뜻도 담겨있을 것입니다.

지금 이곳저곳에서 자연생태보존, 생태복원이란 테마가 지방자치단체를 중심으로 그 자리를 의미 있게 잡아가고 있습니다. 무엇보다 그 불씨를 앞당긴 것은 청계천 생태복원사업이었습니다. 각 지방자치단체들은 앞다투어 그 고장의 녹지공원 조성사업, 생태공원 복원사업, 실개천 회생사업, 수목림 보존사업, 야생동식물 보호사업 등을 적극적으로 추진하고 있습니다. 그리고 정부에서도 불황타개의 한국판 뉴딜정책의 일환으로 녹색경영이라는 슬로건 하에 4대강 정비사업(한강, 낙동강, 금강, 영산강)을 확정짓고 그 첫 삽을 떴습니다.

오바마 정부의 국무장관인 힐러리 여사가 이런 말을 한 적이 있습니다. 현세대가 다음세대를 진정으로 사랑하는 방도가 있다면, 그것은 바로 생태공원, 박물관, 미술관 등을 많이 지어 물려주는 일이라고 말입니다. 자연 없는 어린이, 자연을 벗어난 어린이가 성장하여 펼치는 세상은 '파괴와 살생, 범죄와 보복' 등이 만연한 참담한 세상이 될 것이란 예상을 쉽게 해볼 수 있을 것입니다.

의료계의 생과 사의 기준인 안락사가 법정문제로 비화되어 장안의 화제가 된 적이 있습니다. 만일 심장이나 맥박이 멈추었는데도 뇌세포가 살아있다면, 죽은 사람의 머리카락이 자라난다면, 우린 어떻게 판단해야 할까요? 참 쉽게 풀 수 없는 난제임이 분명합니다.

일상에서도 생물과 무생물을 구분하기가 결코 쉽지 않은 경우가 너무나 많습니다. 예를 들어, 살아있는 나무속에 들어있는 크로크나 동물의 뼈도 무생물이지만 실제로 나무와 동물은 생물입니다. 그럼에도 불구하고 교육현장에서 우린 아주 획일적, 기계론적인 정보나 지식으로 매사를 판단하는 경우를 쉽게 볼 수 있습니다.



0세부터 글로벌 유전인자를 개발하라

만일 우리의 유아들이 자연 속에서 생물과 무생물의 의미를 바르게 체험하고 자랐다면, 안락사와 같은 고도의 윤리적 문제도 생명존중이란 자연섭리에 의해 그 해법의 실마리를 쉽게 찾아나가게 될 것입니다. 편리나 효율성이란 과학법칙에 의존한 판단보다 한 차원 높은 윤리적, 인본적 차원에서의 해결방도를 모색하게 될 테니 말입니다.

자연 없는, 생태 없는 현대교육의 맹점의 예 하나를 들어보고자 합니다. 유치원에서 동물을 주제로 수업을 진행할 때 교사는 동물이 갖는 교과서적인 지식을 유아가 이해 가능한 용어로 설명합니다. "동물은 밥을 먹을 수도 있고, 움직일 수도 있는 거란다." 참 간결하고 명쾌한 설명입니다.

만일 동물 단원을 배운 유아가 집에 가서 엄마에게 "엄마! 우리 집 거실에 걸린 괘종시계는 동물이야? 아니야?"라고 질문한다면 엄마는 당연하게 "동물이 아니지."라고 대답할 것입니다. 그런 유아에게 제대로 공부하지 않았다고 면박을 주는 엄마는 자녀의 호기심과 창의적 사고를 저해하는 결과만을 초래합니다.

그러나 현명한 베타 엄마는 자녀에게 괘종시계가 동물인 이유를 반문하고 자녀의 설명을 경청할 것입니다. 자녀는 유치원에서 배운 대로 '시계는 밥도 먹고(평소 엄마가 태엽을 감을 때 시계 밥 준다고 말하였음.), 저절로 움직이기(초, 분침, 시계추등의 동작) 때문에 동물' 이라고 교사한테 배운 대로 명쾌하게 설명할 것입니다.

## 💙 "자연으로 돌아가자"

　이 자녀의 설명논리에는 어느 한 구석에도 모순이 없이 완벽합니다. 그러나 무엇이 문제일까요? 그건 바로 동물과 식물, 생물과 무생물을 구분하는 것이 선생님의 설명을 듣는다고 해서, 그림책에 나온 것을 체크해보는 것으로 알 수 있는 지식이 아닌 것입니다. 그럼에도 불구하고, 교사가 그렇게 접근하였기에 유아도 그렇게 접근하는 것입니다. 유아 자신의 오감을 총동원하여 직접 동물과의 상호작용과정을 통해 구성해야 할 지식들인 것입니다. 외워야 할 지식이 아니라 경험을 통해 구성해야 할 지식이란 것입니다.

　유아교육의 중앙에는 항상 인간성존중, 생명존중, 자연존중, 생태존중이 자리를 잡고 있는 것입니다. 루소의 자연주의 주창에서도 바로 유아교육의 정신인 인간존중과 자연존중이 그 요체임을 알 수 있습니다. 이를 위해서는 유아기에 충분한 대물경험과 대인경험이 중요합니다.

　대물경험이란 유아가 자연환경이나 주변생활 환경 속에 등장하는 다양한 사물들과의 상호작용을 말하는 것이며, 대인경험은 바로 일상생활에서 유아와 직간접으로 접하는 사람들과의 상호작용을 말하는 것입니다. 올바른 대물경험은 유아의 다중지능을 발달시킬 것이고, 건전한 대인경험은 유아의 감성적 지능을 길러주게 될 것입니다.

　스위스의 대학자인 삐아제는 "요즘의 학교교육이 마치 거대하고



0세부터 글로벌 유전인자를 개발하라

광활한 평야의 논 몇 마지기를 옥토로 만들면, 전 평야가 비옥해지리라고 가정하는 것과 같다."라고 교육을 질타하였습니다. 참 공감이 가는 말입니다. 빨리 말하고, 빨리 읽게 하고, 빨리 쓰게 하고, 빨리 셈하게 하는 것이 진정한 성장과 발달이 아니라는 것입니다.

이보다는 어린이다운 심성이나 인성, 어린이다운 창의적 생각이나 판단, 어린이다운 반복적 원칙이나 기준이 있어야 하고 총체적으로 맑고 밝고 고운 티를 발현해야 한다고 봅니다. 유아적인 직관, 유아적인 충동, 유아적인 열정, 유아적인 눈방울의 초롱초롱함, 그리고 무엇보다 유아적인 긍정적 태도가 있어야 할 것입니다.

과연 요즘의 유아들이 이러한 품성요소를 갖고 있으며, 이러한 품성들을 육성시킬 수 있는 생태적 환경이 주어졌는지를 묻는다면, 그 답은 부정적일 것입니다. 어른의 모양새를 그대로 축소해 놓은 '어른애들'을 찾기가 어렵지 않습니다. 아무리 사람의 말을 잘 흉내내는 앵무새가 있다해도 그 누가 그 앵무새를 사람으로 여길까요? 겉모습이나 외양에 의해 그 정체감이나 그 본성이 규정되고 판단되는 것이 아니라 내재한 고유의 본성이 반영된 것에 의해 그 정체감이 규명되는 것입니다. 이런 교육이 바로 루소가 추구하는 계몽사상일 것입니다.

자연과 어린이, 생태와 어린이, 역사와 어린이, 문화와 어린이, 생활과 어린이를 강조하는 일차적 이유가 무엇일까요? 그것은 각 유아만이 갖는 고유한 개성을 존중하고 그것을 최대한 육성시키자는 것입니다. 이는 점차 상실되어가는 인간성, 점차 퇴색되어가는 생명존 엄성 등을 회복하자는 것입니다. 이 회복은 바로 지구의 온전한 환경 과 생태의 보존에서 비롯되기 때문입니다.

여름철이 되면 예사롭게 보아 넘기는 매미를 예로 들어봅시자. 왜 그토록 처절하게 여름 낮과 밤에 울어대는 걸까요. 자신의 울음소리 가 고막을 찢어놓는 데도 그 울음을 중단하지 않는 이유가 무엇일까 요? 매미 한 마리가 태어나는 데는 약 8년 정도 걸린다고 합니다. 긴 세월동안 유충으로 땅속에 있다가 어느 여름 한철에 허물을 벗고 매 미로 태어나 여름철 한철 살다가 죽게 됩니다. 자신의 고막이 찢어지 는 줄도 모르고 숨이 다할 때까지 울어댄다고 합니다.

왜 매미의 소리가 그토록 애절한지, 그토록 처절한지, 왜 그치지 않고 쉴새없이 울어대는지, 그 이유를 알 것 같습니다. 긴 세월동안 탄생을 기다렸다가 오직 여름 한철만 살다가 사라지는 그 운명, 그것 이 그토록 '대단해', '처량해' 그렇게 우는 것입니다. 이러한 매미의 존재가 신비롭고 위대하다고 느껴집니다. 일벌도 그러합니다. 일생 동안 딱 한번 여왕벌과 짝짓기를 위해서 사는 것입니다. 천신만고 끝 에 여왕벌과의 교접을 성공하면 즉시 장렬한 죽음을 영광스럽게 맞 이합니다.

이처럼 자연의 모든 것 속에 담긴 그 신비를 유아들이 알고 자라고 그것을 보고 자라면, 우리의 유아는 어떤 인성과 인격을 가질까요? 그 답은 명료합니다. 생명의 존엄성과 그것의 무한 가치에 대한 존중



0세부터 글로벌 유전인자를 개발하라

일 것입니다. 자연에 접하면, 유아는 저절로 생명의 신비함, 존귀함, 그리고 거룩함을 알게 될 것이고, 결국에는 인간존중사상으로 이어지게 될 것입니다. 다시 한 번 루소의 "자연으로 돌아가라!"는 말의 참 뜻을 재음미해야 할 때입니다.

# 3 부

실무

# 배움을 즐기는 부모

# 부모면허증이 필요해

성장의 으뜸가는 조건은 미숙성이다. 미숙성이란 나중에 나타날 힘이 현재 없다는 것이 아니라 발달할 능력이 있다는 것이다.

... 듀이

## 🍀 인간의 미숙성

아인슈타인은 "종교 없는 과학은 절름발이이고, 과학 없는 종교는 눈먼 장님과 같다."라고 하였습니다. 자녀를 고려하지 않는 부모방식의 자녀교육은 자녀를 절름발이로 만드는 교육이 될 가능성이 크고, 자녀가 원하는 대로의 자녀교육은 자녀를 눈먼 장님으로 만드는 교육이 될 가능성이 큽니다.

칼릴 지브란(Kahlil Gibran)은 "당신은 자녀처럼 되려고 노력할 수 있지만, 당신의 자녀가 당신처럼 되기를 바라서는 안 된다. 왜냐하면,

당신의 자녀는 당신의 과거에 머물지 않고 그들의 세상인 미래에 머물게 될 것이기 때문이다."라고 했습니다. 이 말에 참 공감이 갑니다.

아직도 어린이의 타고난 능력만을 믿고 있는 부모가 많습니다. 엄마를 닮아 영어를 잘 하고 아빠를 닮아 수학을 잘 하다고 말입니다. 하지만 인간에게 교육, 학습, 훈련이 없다면, 가장 자질이 떨어지는 저수준 동물 군에서 벗어나지 못할 것입니다.

방울뱀은 1천분의 1의 온도를 감지할 수 있는 능력이 있다고 하고, 바퀴벌레는 원자크기의 진동을 감지할 수 있다고 합니다. 메기는 1킬로미터 떨어진 1.5볼트의 전류를 감지할 수 있다고 하고, 모기는 20미터 밖의 냄새를 감지할 수 있는 능력이 있다고 하며, 딱정벌레는 꿀벌의 신호를 해킹하여 꿀벌저장소를 초토할 수 있는 능력이 있다고 합니다.

코끼리는 스트레스를 조절해주는 알코올 열매를 찾아먹는 능력이 있고, 고양이는 생후 3개월쯤 대상영속성(object permanence) 개념을 획득한다고 합니다(대상영속성이란 시야에서 사라진 물건이 영원히 사라진 것이 아니라 그 실체는 있다는 의식을 회득함. 인간은 빠르면 9개월경에, 늦게는 18월경에 이 능력을 획득함.). 이뿐만이 아닙니다. 집짐승 중에 병아리는 알에서 깨어나자마자 어미를 알아보고 먹이를 쪼며 강아지, 송아지, 망아지들은 태어나자 벌떡 일어나 엄마의 젓을 쭉쭉 빨아먹는 답니다.

그런데 만물의 영장이라 자부하는 우리 인간은 어떠한가요? 하등 동물에 비하면 완전 무기력한 존재가 아닙니까? 만일 3일만 그대로 방치하면, 어떤 신생아도 생존할 수 없을 것입니다. 평소에 우리가 대수롭지 않게 여긴 동물들의 초능력에 우리는 감탄을 넘어 경이로움을 갖습니다. 2008년 5월 12일 중국 스촨성四川省에 발생한 7.8 강도의 지진으로 수십만 명의 사망자가 발생하였지만, 동물들이 떼죽음을 당하였다는 단 한 줄의 보도를 접한 적이 없습니다. 지진 발생 3일 전에 두꺼비 떼가 대량 이동하는 것을 사람들을 영문을 모른 채 구경만 하고 있었다고 합니다. 느릿한 두꺼비 떼는 무능한 인간들이 자신들을 구경하는 것을 보며 어떤 느낌과 생각을 하면서 피신을 하였을까요?

##  인간은 학습의 존재

인간은 학습을 통해 성장하는 존재입니다. 이런 확신이 있기에 우리 아이들이 누구(who)와 함께 하는가, 어디(where)에 있는가가 매우 중요합니다. 늑대소년의 예처럼 어릴 적에 늑대의 품에서 자라면 늑대인간이 되는 것입니다. 겉은 멀쩡한 인간이지만, 하는 짓은 늑대입니다. 먹는 것도 늑대처럼, 우는 것도 늑대처럼, 노는 것도 늑대처럼, 의사소통도 늑대처럼 합니다. 그건 인간이 아닌 늑대입니다.

미국인 젊은 남녀가 유네스코 자원봉사단으로 한국에 와서 아이를 낳고, 그 아이를 여섯 살까지 한국에서 키웠다면, 이 아이는 한국의 아이인가요? 미국의 아이인가요? 반대로 한국의 부부유학생이 미국에서 아이를 낳아 여섯 살까지 키웠다면, 이 아이는 미국의 아이인가요? 한국의 아이인가요? 그 답은 명료합니다. 분명 전자는 한국인이고 후자는 미국인일 것입니다.

한국인처럼 행동하면 한국인으로 봐야할 것이고, 미국인처럼 행동하면 미국인으로 봐야할 것입니다. 국적은 이차적 문제라고 봅니다. 이것은 학습의 필연성을 말하는 것입니다. 우리의 자녀가 누구와 어디서 시간을 보내는가 하는 것이 자녀의 장래를 결정짓는 중요한 지렛대가 되는 것입니다.

저는 이 시대의 부모는 '글로벌 마인드'를 가져야 한다고 생각합니다. 부모들은 자녀들이 20년 후에 살게 될 세상을 먼저 머리에 떠올려 보고 그것에 맞추어 길러야 할 것입니다. 저는 우리의 어린이들이 20년 후에 보낼 하루일과는 "아침은 모스크바에서, 점심은 템즈강이 유유히 흐르는 런던에서, 만찬은 사막의 오아시스인 라스베이거스에서 세계적 미희들의 무희와 만찬을 즐기면서, 그리고 귀국하여 저녁 시간은 가족과 함께 밤 9시 KBS 뉴스를 보면서 보내게 될 것입니다."라고 감히 말합니다.

여러분의 생각이 어떠하든, 지금 자라고 있는 여러분의 자녀들은 글로벌 시대의 주역들임에 틀림없습니다. 과거 부모세대가 "말이 태어나면 제주도에서 키우고, 사람은 태어나면 서울에서 키워라!"라고



0세부터 글로벌 유전인자를 개발하라

하지 않았습니까? 지금의 젊은 부모들은, 자녀를 '서울'에서 키우는 것이 아니라 '세계' 속에서 키워야 할 것입니다. 이미 일본 부모들은 1960년대 후반부터 "일본에서 태어나 세계에서 키운다."라는 슬로건을 실천하여 경제대국으로 도약하는데 성공하였습니다.

우리의 자녀들이 당당히 성장하여 런던에서, 뉴욕에서, 상하이에서, 파리에서, 모스크바에서, 도쿄에서 세계인과 더불어 비즈니스를, 외교를, 스포츠를, 여가활동을 해야 합니다. 이는 한국의 최고가 되는 자녀교육이 아닌 세계의 최고가 되는 자녀교육에 의해서 가능한 것입니다.

아직도 부모들이 자녀가 글로벌 세대의 주역임을 바르게 인식하지 못하고 한국에서만 최고가 되는 인간 만들기에 급급하다면, 진정한 세계인의 가치와 매너를 갖춘 인재 육성의 길은 요원한 일이 될 것입니다.


## 🍀 기러기와 안녕하기


글로벌 인재육성은 지금의 교육체제로는 어렵다고 봅니다. 이 체제로는 조기유학이 성행하고 기러기 아빠만 양산되고 말 것입니다. 굳이 다른 이유를 둘러댈 필요가 없을 것입니다. 현재의 한국적 교육 내용과 방법에 대한 2030부모 세대의 진단은 '글로벌 인재육성 곧

란'이라는 판정입니다.

미래학자 앨빈 토플러(Alvin Toffler)도 이 점을 분명히 하고 있습니다. 기업가들이나 젊은 부모세대들의 변화속도는 고속도로를 100마일로 쾌속 질주하는 것에 비유된다면, 학교나 정부의 변화속도는 겨우 10마일(16킬로미터) 정도를 달리는 저속 자동차에 비유된다는 것입니다. 기업주나 젊은 부모들은 현행의 학교교육은 시대변화를 선도하는 인재육성은커녕, 오히려 발목을 잡거나 거는 교육으로 판단하고 있다는 것입니다.

2003년도 전경련이 발표한 보고서에 의하면, 현재의 학교교육은 기업체가 요구하는 능력의 23퍼센트 정도밖에 제공하지 못한다고 혹평을 하였습니다. 기업에 필요한 인재를 만들기 위해 대기업이나 중소기업은 엄청난 사원교육비를 투자해야 하고 이것이 기업의 국제경쟁력을 약화시키는 주요인이 된다고 지적합니다.

기업이 필요로 하는 능력은 영어소통능력, 예절능력, 대인관계능력, 리더십 등과 같은 실용기능들입니다. 이를 위해 대기업은 사원 1인당 1억 원 정도 사원교육비를 투자하고 있고, 중소기업에서는 4천~6천만 원 정도 투자한다고 합니다. 한마디로 현 한국 교육은 기업이 원하는 실용기능들이 전혀 이루어지고 있지 않는다는 것입니다.

지금 젊은 2030부모들이 정부나 학교가 하지 못하는 글로벌 부분의 짐을 스스로 어깨에 짊어지고 끙끙거리고 있습니다. 사교육비 때문에 이산가족이 되고, 단란한 가족의 행복이 단절되고, 쉼없는 업무에 건강은 병들어가고 있는 것입니다. 그나마 이들은 나은 편입니다. 사교육비 부담능력이 전혀 없는 젊은 부모들은 가슴만 쓸어내리는 가슴앓이를 하고 있으며, 사회는 점점 더 양극화(2009년 현재 최상류층 20퍼센트와 최하류층 20퍼센트의 자녀 교육비는 7배 차이가 남.)의 골만 깊어가고 있습니다. 이들 젊은 부모들의 해맑은 웃음은 언제 볼 수 있을런지요?

미국에서 일어난 조기교육운동의 하나인 헤드스타트 운동(Headstart movement)이 있습니다. 1964년도에 가난의 악순환 고리를 단절하겠다는 슬로건으로 당시 케네디를 이은 존슨 정부가 추진한 사회개혁운동입니다. 저소득층의 가난의 단절은 교육에서 그 해답을 찾고자 하였고, 이 저소득층 자녀에게 중·상류층 부모들에 의해 제공되는 '양질 교육'을 생의 조기에 투입하자는 정책이었습니다.

미국의 사회개혁운동 중 가장 성공한 프로그램으로 평가받고 있습니다. 한국도 미국의 헤드스타트 운동과 같은 교육뉴딜정책을 과감히 펼치든가 아니면 유럽국가처럼 대학까지 국가 무상교육체제를 시도할 필요가 있다고 봅니다.


## 🍀 부모면허증이 필요한 시대


저는 오랜 기간 동안 각종 공중파 TV, 라디오, 신문, 잡지 등을 통해 자녀문제 행동에 대한 전문가 상담과 조언을 해왔습니다. 특히 불교방송국에서는 약 2년 동안 자녀상담 코너 생방송을 하기도 하였습니다. 오랜 기간 동안 자녀상담문제 및 임상문제를 접하면서, 갖고 있는 소신이 한 가지 있답니다.

일반적으로 전문가들은 "문제아동 뒤엔 문제부모가 있다."라고 단정합니다. 그런 경우도 있지만, 저는 그렇게 생각하지 않습니다. 이보다 유아 및 아동에 대한 이해부족이 가장 큰 원인이라는 생각을 갖고 있습니다. 등잔 밑이 어둡다는 속담처럼, 잘 안다고 생각하는 자녀심리를 모르는 경우가 더 많다는 것입니다. 왜냐고요? 우리 부모님들은 자녀이해에 관한 전문가적인 훈련을 받은 적이 한번도 없기 때문입니다.

부모가 되기 전에 좋은 부모 됨을 위한 강좌에 참가하거나 부모교육 관련 서적 한권 정도를 제대로 정독한 후 부모가 된 자가 거의 없다는 것입니다. 자동차를 운전하려면, 운전면허증 취득이 필수적입니다. 부모가 되려면 부모면허증 취득이 필수적이 되어야 합니다. 자동차의 경우, 운전면허증을 취득하였다고 하여 금방 도로주행에 나설 수가 없답니다. 많은 시간동안 도로연수과정을 거쳐 자가운전의 대열에 합류할 수 있는 것입니다.

여러분! 초보운전자를 보면, "내가 언제 초보이었지!" 하는 생각이 소록소록 나지 않습니까? 초보운전사가 차 뒤 유리창에 붙인 우스개 문구 한 가지가 떠오릅니다. "운전은 초보, 마음은 터보, 건들면 람보”라는 문구 말입니다. 저는 이 문구를 생각하며 혼자서 배꼽을 잡고 웃은 적이 있답니다.

부모가 된다는 것은 자동차의 운전보다 더 소중한 자녀를 운전하는 일입니다. 그런데 상식으로, 경험으로, 적당히 대충 자녀를 운전하고 있다면 말이 됩니까? 문제가 없는 부모가 오히려 이상異常할 지도 모릅니다.

저는 자녀의 성격/기본생활습관문제, 사회/정서문제, 지능과 학습문제, 신체/성문제, 언어문제, 그리고 특기/취미생활문제 등을 총망라하여 부모의 관심을 모으는 자녀문제 사례 등을 수없이 소장하고 있습니다. 한때는 ARS란 자동응답시스템으로 학부모에게 서비스한 적도 있었습니다. 언젠가 시간이 나면 우리의 부모를 위해 아동문제 사례집을 발견할 예정입니다.

# 부모들이여, 그대의 콤플렉스는?

우리를 피곤하게 하는 것은 사랑이나 죄악 때문이 아니라 지나간 일들을 돌이켜보고 탄식하는 데서 온다.                    … 지드

## ✿ 세상에서 가장 이해심 많은 한국아이들

이 세상 누구나 가장 좋은 부모가 되기를 소망할 것입니다. 그 소망만큼은 로또 복권당첨보다 몇 십배, 아니 몇 백배 더 클지 모릅니다. 소망만 크다고 그것이 이루어지지는 않습니다. 복권 당첨을 원하면 먼저 복권을 사야하듯, 좋은 부모가 되려면 먼저 공부해야 합니다.

무면허 기사가 대중교통 자동차를 운전한다고 상상해 봅시다. 과연 누가 대중교통을 이용하겠습니까? 마찬가지로, 자녀들이 무면허 부모와 함께 하고 있음을 안다면 그들은 어떤 심정일까요? 불행 중

다행은 우리 자녀들은 이해심이 깊고 넓어, 부모가 자격을 갖추기를 묵묵히 기다리고 있는 중입니다. 대만은 부모교육 강좌 이수증이 첨부되지 않으면 주례가 성혼선언도 하지 않고 혼인신고도 불가능하다고 합니다. 이에 비하면, 한국은 부모 천국 아닌가요? 언제까지 자녀가 부모의 무자격을 눈감아 줄 수 있을까요?

과거 부모와 달리 현대 부모의 가장 큰 골칫거리가 자녀의 양육문제 및 교육문제일 것입니다. 사교육 시장이 요동치는 이유도, 입시제도가 조령모개朝令暮改로 바뀌는 이유도, 교과부장관이 자주 경질되는 이유도 바로 여기에서 그 답을 찾을 수 있다고 봅니다.

미국도 중·상류층의 가계 지출비용 중 자녀 양육비와 교육비가 25퍼센트 정도 차지한다고 합니다. 이 비율을 저소득 계층에 적용해 보면, 가계지출비의 75퍼센트 이상을 차지하는 꼴이 됩니다. 한국의 사정은 이보다 훨씬 더 심각합니다. 연간 사교육비가 약 30조억 정도 투자되고 있고, 가구낭 사교육비가 월평균 70만 원이 넘는 가구 수가 다수를 차지하고 있답니다.

좋은 부모, 훌륭한 부모란 결심만 한다고 되는 것도 아니고, 돈이 있다고만 되는 것도 아닙니다. 그래서 좋은 부모가 되기는 알면 알수록 더 힘들어진다는 어느 부모의 한탄이 우리의 귓전을 강하게 때립니다. 그 이유는 무엇일까요?

## ♣ 콤플렉스 테러

저는 '굿 맘(good mom)'과 '굿 파파(good papa)'가 되기 위해 극복해야 할 콤플렉스 아홉 가지를 소개하고자 합니다. 콤플렉스란 개인이 무의식중에 어떤 대상에 대한 열등의식, 좌절감, 그리고 무력감과 같은 심리상태를 말합니다. 콤플렉스를 가진 부모는 본인의 의지와 무관하게 어떤 심리적 강박에 사로잡혀 비이성적으로 사고하고 행동하는 경향이 많습니다.

여기에 소개하는 콤플렉스들은 제가 오랜 기간동안 학부, 석·박사과정의 〈부모교육학〉을 강의와 연구를 하면서 얻은 임상적 경험들에 기초하여 추출한 것들입니다.

### 제1 콤플렉스 '일류 콤플렉스'

부모들이 가장 많이 집착하고 있는 콤플렉스의 하나가 바로 일류 콤플렉스일 것입니다. 일류 학원, 일류 유치원, 일류 대학교, 일류 직장 등을 선호하는 경향이 이 콤플렉스 때문일 것입니다. 우리 사회의 KS마크(경기고, 서울대의 첫 머리 글자) 선호현상도 그렇고, 최근의 SKY대학교(서울대, 고려대, 연세대 첫머리 글자) 선호현상도 그렇습니다.

그러나 예상외로 우리는 일류 신드롬에 걸린 사람들이 사회생활, 직장생활에서 제대로 적응하지 못하는 경우를 자주 봅니다. 남보다 앞서고, 남보다 생색이 나는 일에 집착한 나머지, 동료나 조직보다 자신을 먼저 앞세운 결과, 필연적 실패를 경험하게 됩니다.

이들의 실패는 능력부족, 역량부족 때문이 아니라 동료와의 협력 부족, 조직풍토 이해부족, 팀워크 부재, 소통능력의 미흡 등의 부적 응 인성 때문입니다. 이는 무조건 다인을 앞서는 일에 역점을 둔 부 모의 잘못된 양육실제가 가져온 부산물일 것입니다. 글로벌 시대 · 다원화 사회에서 부모들은 하루 빨리 일류 콤플렉스의 굴레에서 벗 어나 자녀가 타인과 조화로운 관계 속에서 상생적, 성공적 삶을 도모 할 수 있는 역량배양을 적극 지원해야 할 것입니다.

## 제 2 콤플렉스 '체면 콤플렉스'

우리 사회에는 오랜 세월 동안 '~인 체하는' 체통문화가 뿌리 깊게 자리 잡고 있습니다. 잘난 체, 아는 체, 힘 있는 체, 돈 있는 체, 배경 좋은 체 해야 주위사람들로부터 인정받는다는 생각 때문에 겉치레 허 식이 비교적 많은 편입니다.

이 체면문화는 여지없이 자녀양육과 교육에도 그대로 전이되어 성 적 좋은 자녀를 둔 부모는 목에 깁스를 한 듯 뻣뻣하고, 성적이 나쁜 자녀를 둔 부모는 고개를 숙이게 됩니다. 자녀의 성격, 적성, 장기, 특 성, 취미, 재능 등에는 관심이 없고 오직 부모의 체통 유지로 직접 연 결되다보니 부모는 자녀의 성적에만 관심이 집중되는 것입니다.

자녀는 부모와 별개의 개체이며 독립된 인격체입니다. 자녀가 공부를 잘 한다고 해서 부모가 우쭐댈 이유도 없고 자녀가 공부를 못한다고 해서 기죽을 이유는 더욱 없습니다. 부모는 체면 콤플렉스의 굴레에서 하루빨리 벗어나 자녀를 독립된 개체로서 그 인격을 존중해야 합니다.

### 제3 콤플렉스 '보상 콤플렉스'

부모 자신이 이루지 못한 소망, 바람, 한恨 등을 자녀를 통해 이루고자 하는 콤플렉스입니다. 이 콤플렉스는 아빠보다 엄마가 더 많습니다. 부모가 어린 시절 이루지 못한 꿈을 자녀를 통해 이루고자 합니다. 이러한 부모의 소망이 반드시 나쁘다고만 할 수 없지만, 자녀의 적성이나 욕구를 전혀 고려하지 않은 채 부모의 소망만을 강조하려는 데에 문제가 있습니다.

보상 콤플렉스를 가진 부모들이 꼭 명심해야 할 점은 부모가 자녀와 육체적으로 동거할 수는 있어도, 그들과 정신적으로 동거할 수 없다는 것의 이해입니다. 왜냐하면 그들의 정신은 미래 세계의 꿈들로 가득 차 있기 때문입니다.

### 제4 콤플렉스 '완벽 콤플렉스'

한국 부모는 타인 앞에서 완전무결한 부모가 되기를 원합니다. 특히 남이 보는 앞에서 자녀의 잘못된 행동을 바로잡기 위해 야단치거나 질책하는 것은 '굿 맘'이나 '굿 파파'의 모습이 아니라는 생각으로 자녀가 식당, 지하철 안, 엘리베이터 안, 공공장소 등에서 버릇없는 행동을 해도 그대로 내버려둡니다.

외국 부모들에게는 이런 모습이 참 이상하게 여겨질 것입니다. 그들은 한 번 정한 규칙은 시간, 장소, 사람 등에 관계없이 항상 동일하게 적용합니다. 공공징소에서도 자녀가 어긋난 행동을 보이면, 주변 사람들의 양해를 구한 후 자녀의 잘못을 꾸짖거나 체벌을 가하기도 합니다. 그러나 한국 부모들은 타인 앞에서라면 화가 머리끝까지 치밀어도 꾹 참고 태연스럽게 아무 일도 없는 것처럼 위선행동을 곧잘 합니다.

완벽 콤플렉스를 가진 부모의 최대의 약점은 바로 일관성 부재입니다. 부모교육학자 기노트(Ginott)는 '나 전달법(I-Message)'를 통해 부모의 솔직한 감정이나 느낌을 항상 자녀와 공유해야 한다고 권고합니다. 그녀의 'I-Message'란 자녀의 행동이 부모에게 어떠한 느낌이 들게 하며, 어떤 영향을 미치는지를 자녀에게 진솔하게 전달하는 대화법을 말합니다. 엄마가 라디오를 듣고 있는데 자녀가 시끄럽게 하면, "네가 시끄럽게 해서 엄마는 라디오를 잘 들을 수가 없고 그래서 기분이 나쁘구나."라고 엄마자신의 감정을 진솔하게 자녀에게 표현하는 것을 말합니다.

## 제 5 콤플렉스 '동일시 콤플렉스'

동일시(identification)란 용어는 정신분석학자이며 꿈 해석가로 잘 알려진 프로이드(Freud)에 의해 창안되었습니다. 이는 일종의 방어적 적응행동으로써, 자신이 좋아하거나 존경하는 사람의 말과 행동을 본뜨는 행동을 말합니다.

부모-자녀 간에도 이러한 동일시 현상이 나타납니다. 부모가 자신이 좋아하는 자녀를 자신과 동일시함으로써 위안을 얻으려는 것입니다. 부모들이 무의식중에 "너는 아빠를 닮아 고집이 세고, 고지식하며, 융통성이 없다."라고 말한다든가 역으로 "너는 나를 닮아 얌전하고 부드럽고 재치 있고 순발력이 많다."고 말한다면, 이는 동일시 콤플렉스의 발현이라고 볼 수 있습니다.

"열 손가락 깨물어 안 아픈 손가락이 하나도 없다."는 우리의 속담이 있지만, 상당수의 한국 부모는 무언중, 무의식중 특정 자녀를 더 애지중지하고 자신과 동일시하는 경향이 있습니다. 어느 교육학자는 "우리 인간은 이 세상에 처음 태어날 때 평등하였으나, 부모를 만난 이후 인간을 차별하는 법을 배우기 시작하였다."라고 말하였습니다. 참 공감이 가는 말입니다.

### 제6 콤플렉스 '비교 콤플렉스'

한국의 젊은 부부를 대상으로 조사한 내용에 따르면 남편이 아내한테 가장 듣기 싫은 말은 옆집 남편을 자신과 비교하는 것이고, 아내가 남편으로부터 가장 듣기 싫은 말은 친구 아내의 혼숫감을 자신의 것과 비교하는 것이라고 합니다. "옆집 아빠는 일찍 퇴근해서 아

이에게 세발자전거도 가르쳐주기도 하는데 당신은 뭐해!" 이 말에 열
받지 않고 넘어갈 대한민국 남편은 없다는 것입니다. 친구 아내의 혼
숫감과 자신의 혼수를 비교하면서 볼멘소리를 하는 남편을 예쁘게
봐주면서 그냥 넘어갈 대한민국 아내도 없다는 것입니다.

부모가 비교를 싫어하는 것과 마찬가지로 자녀도 싫어할 것이 뻔
합니다. 유치원을 마치고 막 귀가한 꼬마가 "엄마! 나 오늘 유치원에
서 작업 잘 하였다고 칭찬받았어!"하며 엄마의 칭찬이나 동의를 구
하는데 엄마는 자녀의 기대와 달리 "옆집 아이는 피아노 대회에서
상도 타고, 웅변대회에서 상도 탔다는데, 넌 그까짓 칭찬 한 번 받았
다고 그렇게 호들갑이야!"라고 핀잔을 줍니다. 이런 환경에서는 자

녀의 개성의 씨앗이 싹을 피우기는커녕, 튼튼한 줄기와 잎, 화사한 꽃망울과 그 알찬 열매를 기대할 수 없는 것입니다. 기대자체가 금물인 것입니다.

## 제7 콤플렉스 '탓 콤플렉스'

"잘 되면 내 탓, 못되면 조상 탓"이라는 말이 있습니다. 한국 사람은 살아가면서 이 핑계, 저 핑계를 참 많이 대는 것 같습니다. 자녀가 학교에서 공부를 잘하면 부모 탓, 못하면 친구 탓, 학교선생님 탓, 조상 탓으로 둘러댑니다.

사회심리학 이론 중에 행동의 원인을 설명하는 흥미로운 이론, 즉 귀인歸因이론(attribution theory)이 있습니다. 어떤 행위의 성공과 실패에 대한 원인을 어디에 두느냐에 따라 개인의 행동성향을 판단하고 예측할 수 있다는 것입니다.

어떤 행동의 성공 또는 실패의 원인을 자신의 내부요인(능력, 노력, 습관 등)에 두면 이를 내적통정부위(internal locus of control) 유형이라 부릅니다. 반대로 자신이 아닌 외부요인(운, 환경, 교사, 과제 등)에 두면, 이를 외적통정부위(external locus of control) 유형이라고 부릅니다. 이 이론에 비추어 보면, 우리 부모들은 외적통정부위 유형이 많다고 할 수 있습니다.

탓 콤플렉스에 사로잡혀 있는 부모는 자녀의 문제행동을 바르게 지각하고 바른 방향으로 안내하려는 노력보다는 누구를 탓하기에 여념이 없습니다. 이 콤플렉스에서 벗어나 자녀의 문제행동의 근원을 살피고 해결책을 모색하여 자녀를 위한 진정한 양육실제와 교육이 이루어져야 합니다.

## 제8 콤플렉스 '특별 콤플렉스'

한국 부모들의 내면에는 항상 독특한 심리가 자리 잡고 있습니다. 내 아이는 언제, 어디서든 특별한 대접을 받아야 한다는 '특별의식 '이 있습니다. 이 특별 콤플렉스를 가진 부모들은 내 아이 이외에 타인 아이의 특별한 대접이나 환경을 결코 수용하지 않고 철두철미하게 배타적입니다. 촛불시위에 참여하는 시위청년도, 전경도 한국의 청년이며 어느 부모의 자녀입니다.

그럼에도 불구하고 단지 전경이라는 이유로, 내 자녀가 아니라는 이유만으로 그들을 죄인 취급 하거나, 단지 내 자녀란 이유로 시위행위를 영웅시하는 것은 분명 잘못된 풍토입니다. 적어도 모든 이유를 함께 공유할 수 있을 때에 특별한 예외가 인정되고 존중되는 것입니다. 내 자녀가 특별하기를 원하면, 타인의 자녀도 특별함을 인정하고 수용해야 합니다. 우리는 예부터 "형님먼저, 아우먼저"라는 상대방을 먼저 우대하는 미풍양속을 가진 민족이랍니다.

## 제9 콤플렉스 '조기교육 콤플렉스'

한국인의 '빨리빨리' 문화의 부산물이 바로 이 콤플렉스입니다. 유아교육학자들이 공통적인 주장의 하나는 바로 "The earlier, the better. The longer, the better. The higher, the better."입니다. 유아교육은 일찍 시작할수록, 더 오래할수록, 그리고 더 양질의 교육일수록 그 효과는 훨씬 커진다는 것입니다. 이는 조기 영재아, 천재아 만들기 교육을 지지하는 것이 아니라 개별 유아의 발달에 적합한 교육내용과 교육방법으로 조기에, 적기에, 최적하게 교육하자는 것입니다.

무조건 빨리 글과 숫자를 익히고 깨우치는 것이 조기교육이며, 그것이 좋은 교육이라는 잘못된 인식을 갖고 있는 부모들이 있습니다. 예를 들면, 아이는 처음부터 걸음마를 하지 못합니다. 걸음마를 하기 위해서는 앞뒤 엎어치기 → 배밀이 → 혼자 앉기 → 잡고 일어서기 → 손잡고 발걸음 옮기기 → 걸음마 시작 등의 과정을 반드시 거쳐야 가능한 것입니다. 이처럼 교육도 유아의 발달단계에 적합한 절차와 과정을 거쳐 이루어져야 합니다.

이상의 아홉 가지 부모 콤플렉스를 극복하는 길이 바로 '굿 맘', '굿 파파' 가 되는 지름길입니다.

# '부모' 잘못은 대를 잇는다!

아이들을 강제로 배움의 소굴로 몰아넣지 말고 그들의 마음이 즐겁게 배움으로 접근하게 하라. 그리하면 모든 아이들이 천재적 소질과 독특한 개성을 정확하게 발견할 것이다.　　　… 플라톤

다음의 글은 제기 쓴 〈나도 좋은 엄마 아빠가 되고 싶다〉(서울: 계몽사, 1996년)의 머리말 일부를 옮긴 것입니다.

어른이 되면 해야 할 일과 선택할 일이 수없이 많다. 그 대부분의 일들은 스스로 의지에 의해 선택하고 포기할 수 있는 것들이다. 하지만 부모역할만은 영원히 포기할 수 없는 운명적인 것이다. 그렇기 때문에 좋은 부모의 길은 험난한 인생의 여정처럼 느껴진다.

저자도 모든 부모들과 마찬가지로 좋은 부모가 되고 싶은 소망을 가져왔고, 그 소망은 지금도 변함없다. 그러나 돌이켜 보면, 성숙한 부모, 훌륭한 부모, 좋은 아빠이었다기보다 오히려 부족하고 미숙한 부모의 길을 걸어왔음을 솔직하게 고백하지 않을 수 없다. "중이 제 머리를 못 깎는다."라는 속담처럼 어린이 교육전문가로서 자기자식을 성공적으로 잘 키웠는가라는 질문에 "그렇다."고 자신 있게 대답할 수 없는 것이 서글프다.

그러나 지금까지 올바른 부모로서의 삶을 추구하기보다 하나의 성공한 인간의 길만을 고집스럽게 살아온 인생살이를 자탄하고 아쉬워할 수만은 없었다. 그래서 저자와 같은 심정을 가진 부모들의 번뇌를 헤아릴 수 있는 방도를 생각하면서, 이 책을 세상에 내놓는다.

## ✤ 천재 언니와 바보 동생

두 명의 자녀를 둔 엄마가 있었습니다. 여느 부모처럼 두 자녀가 잘 자라 성공적인 인간으로 성장하기를 간절히 바랐습니다. 첫째 아이는 또래의 다른 아이들에 비해 말을 빨리 시작하여 7개월 초에 '엄마, 어부바, 까까, 이것, 저것, 등' 15개 정도의 단어를 구사하였습니



0세부터 글로벌 유전인자를 개발하라

다. 동네 놀이터에서 또래아이 엄마들과 만나면, 자식 자랑에 이 엄마는 항상 목에 힘을 줍니다. 첫째 아이는 그 순간부터 자의 반, 타의 반으로 영재아가 되었습니다. 1세경엔 걸음마를 시작하였습니다. 나풀나풀 나비 따라 걷기도 하고, 그림자를 잡기 위해 아장아장 걷습니다. 아이가 넘어질까봐 뒤를 졸졸 따르는 엄마는 금방 파김치가 됩니다. 18개월이 되자, 대변은 물론 소변도 가리기 시작했습니다. 18개월에 대소변을 가릴 수 있는 것은 발육속도가 매우 빠른 편에 속한다고 할 수 있습니다.

그리고 첫째 아이는 3세 경에 유치원의 영아반에 입학합니다. 유치원에 도착하면 교실 입구에서 "엄마! 안녕~"하면서 선생님을 따라 총총 걸음으로 사라집니다. 그리고 수업이 끝난 후 원입구에서 기다리는 엄마를 만나면 정말 오랜만에 만난 연인처럼 엄마의 볼에 연신 뽀뽀를 해대며 반가워합니다.

첫째 아이는 엄마와 건전한 애착형성을 이루었습니다. 그러기에 엄마가 눈에 보이지 않아도 엄마가 돌아올 거라는 확신이 있어 두려워하지 않고 엄마와 쉽게 떨어질 수 있습니다. 이러한 현상을 전문용어로 '애착이완(detachment)'이라고 합니다. 첫째 아이는 유치원 생활을 또래들에 비해 월등하게 잘한다는 평을 듣고 다닙니다. 그러나 초등학교에 입학하고 나서부터 이 아이는 문제를 일으키기 시작하였고 지금은 문제아이로 엄마의 고민을 깊게 만드는 아이가 되었습니다.

둘째 아이는 첫째에 비해 모든 것이 늦은 아이입니다. 둘째아이는 첫째가 2~3개월에 하던 쿠잉을 생후 7개월경에 보입니다(쿠잉과 옹알이는 둘 다 초기 음성언어에 해당됩니다. 쿠잉은 마치 목구멍에서 울려나오는 소리, 즉 '크허, 츠허' 처럼 들리거나 '크, 츠, 흐' 처럼 혀와 앞니가 부딪쳐 나는 파열음소리이고, 5~6개월경에 나타나는 옹알이는 '무우, 우우, 암~' 으로 나타나며 최초의 음성언어소리임.).

둘째가 돌 때쯤 6~7개월 된 아이처럼 겨우 의자를 잡고 일어서는 행동을 자랑스럽게 합니다. 그러나 아무도 관심을 보이지 않으면, 그만 의자를 놓치고는 넘어져 엄마를 안절부절하게 만듭니다.그리고 첫애와 달리 18개월경에 소변을 가리지 못하였습니다. 간혹 대변을 가리기는 합니다. "엄~" 하고 엄마를 부를 때, 즉시 달려가지 않으면, 금방 실수를 합니다. 그때마다 엄마는 아이의 언니와 비교하며 핀잔을 줍니다. 3세가 되어 유치원에 간 첫 날, 엄마가 유치원을 떠나자 목이 터져라 고함을 지르며 울어서 유치원에는 한 바탕 난리가 났습니다.

결국 엄마는 아이가 적응을 할 때까지 유치원에 함께 다녀야 했습니다. 왜 둘째아이는 그토록 사생결단으로 울었을까요? 평소에 엄마는 무심코 둘째에게 "너가 자꾸 바보짓을 하니, 저 멀리 갖다버리면 속이 시원하겠다."는 말을 하곤 하였습니다. 둘째는 바로 오늘이 그 운명이 날이라 생각하고 목이 터지라 울었던 것입니다.



0세부터 글로벌 유전인자를 개발하라

## 🍀 치우친 판단, 지는 아이

문제는 둘 다 초등학교 입학 후에 문제행동을 보이기 시작한다는 점입니다. 원래부터 가족으로부터 바보 취급을 받고 자란 둘째도 그렇고, 늘 '천재', '영재' 소리를 듣고 자란 첫째도 그렇습니다. 첫째 애는 학교에 갖다오면, 영 기분이 좋지 않은 모습을 보입니다. 유치원 다닐 때의 밝고 명랑하고 활기찬 모습은 그 어디에서도 찾을 수가 없습니다.

학교를 마치고 귀가한 뒤, 말 한마디 없이 자기 방으로 들어가 버립니다. 그리고 이불을 뒤집어쓰고 흐느끼기까지 합니다. 항상 천재, 영재로 살았던 첫째는 초등학교에서는 더 이상 천재가 될 수 없었던 것입니다. 한 과목을 잘하면, 다른 과목이 떨어지고, 또 떨어진 과목에 열중하면, 다른 과목이 떨어지고, 계속 이러한 연속입니다.

선생님도 유치원 때처럼 첫째에게만 관심을 두지 않음은 물론 어떤 특별한 관심을 보이지 않습니다. 항상 최선을 다해도 자신보다 더 나은 아이에게 밀리게 됩니다. 그것이 자신의 능력, 노력의 부족이라 여기지 못하고 선생님이 자신을 잘못 평가하고 있다고 여겨 더욱 속이 상합니다.

다른 아이에 비해 기대수준 다시 말해, 포부수준이 너무 높은 것도 문제라면 문제였습니다. 늘 앞서지 못하고 남의 뒤를 따르는 것이 도저히 스스로가 용납할 수 없는 일입니다. 유치원까지 그렇게 자라왔고 부모로부터 그러한 대접을 받아왔기 때문입니다.

이에 비해 둘째는 겉으로는 별 문제없이 학교생활에 만족하는 것처럼 보입니다. 그러나 학교생활에 대해 한마디도 말이 없습니다. 물어도 묵묵부답입니다. 둘째는 학교에서 미술수업시간에 선생님에게 칭찬을 받곤 합니다. 교사는 둘째 아이의 그림솜씨가 또래 아이들과 달리 구도와 색상, 주제 면에서 독특하고 창의적인 것을 발견하고 놀라곤 합니다.

그런데 선생님이 그림에 관심을 보이거나 그 그림을 학급게시판에 전시하려고 하면, 막무가내로 손사래를 젓거나 기가 죽습니다. 다른 아이들은 선생님의 관심과 인정을 받으려고 애를 쓰는데 이 둘째는 선생님의 관심과 인정이 부담스럽기만 합니다.

왜 이런 이상행동을 보일까요? 그 해답을 그의 양육과정에서 찾을 수 있다고 봅니다.

둘째 아이는 지금까지 단 한 번도 칭찬을 들어본 적도 없었고, 남의 앞에 서본 적도 없었습니다. 자신은 늘 부족한 아이였는데, 선생님이 자신을 칭찬하니 둘째는 적응을 못하고 교사를 피하게 됩니다. 슬프게도, 이러한 배경을 알지 못하는 교사의 눈에는 둘째가 문제아로 낙인이 되어가고 있습니다.

## 🍀 빗나간 모정

　무엇이 이 두 아이를 문제아로 만들었을까요? 그것은 아이의 내재
된 성향도 아니고, 아이가 자라난 환경도 아니며, 아이에게 영향을
준 교사나 친구 등 주변인도 아니라고 봅니다. 문제의 원인제공자는
바로 엄마 자신입니다. 엄마의 '유아교육에 대한 이해부족', '아동발
달에 대한 지식부족' 이 두 아이를 문제아로 만든 주범입니다. 사실
두 아이는 각각 그 시기의 가장 보편적인 발달경향을 보일 뿐입니다.

　엄마는 아이의 다섯 가지의 전체 발달영역(언어발달, 인지발달, 정서
발달, 사회성발달, 신체발달)을 종합적으로 고려하지 못하고, 그 중에
서 아이의 언어발달과 신체발달만을 기준삼아 자녀의 발육이 빠른
지, 늦은지를 판단한 것입니다. 이 기준에 의하면, 첫째 아이는 영재
이고 둘째 아이는 바보가 되는 셈입니다. 만일 이 엄마가 반대로 인
지발달과 정서발달을 그 기준으로 삼았다면, 둘째 아이가 영재이고
첫째 아이는 바보가 되는 것입니다.

　그러나 전문가 입장에서 다섯 가지 발달 영역의 평균적 발달을 종
합하여 보면, 첫째도 둘째도 그 시기의 일반적인 발달을 보이는 아이
에 불과합니다. 다만 두 아이 간에 발달영역 간의 발달속도에서 개인
차가 나타나고 있을 뿐입니다. 첫째아이는 다른 발달영역에 비해 신
체적인 발육과 언어구사가 매우 빠른 편이라면, 둘째아이는 다른 발
달영역에 비해 인지발달과 정서발달이 상대적으로 뛰어날 뿐입니다.

이 엄마의 아동발달에 대한 편견적 시각이 결국 이 세상에서 무엇과 바꿀 수 없는 소중한 두 아이의 운명을 바꾸어놓고 만 꼴이 된 것입니다.



대소변훈련(toilet training)은 발달적 적기에 체계적인 훈련과정을 거쳐 습득되는 것입니다. 도덕성 발달과 직결되는 중요한 생애발달과업 중의 하나입니다. 너무 일찍 시켜도, 너무 늦게 시켜도 문제가 되며, 너무 엄하게 또는 너무 허용적으로 시켜도 부적응 행동이 나타납니다.

너무 일찍 시키거나 너무 엄하게 시키면 지나친 결벽증을 보이며, 엄격하거나 융통성이 없는 고지식한 성격이 형성될 가능성이 매우 높습니다. 반대로 너무 늦게, 허용적으로 시킬 경우, 낭비벽이 심하거나 너무 나태한 습성이 형성될 가능성이 높습니다. 일반적으로, 남아가 여아보다 소변을 먼저 가리고, 여아가 남아에 비해 대변을 먼저 가리는 편입니다.

대소변 훈련 시기는 개인차가 있지만 13개월~18개월 사이가 적절합니다. 대변은 만 2세 전후하여 가릴 수 있게 되며, 소변은 만 2세반이 되어 가릴 수 있게 됩니다. 만 2세반에 소변을 완전히 가릴 수 있다는 것은 엄청난 발달적 성취라고 할 수 있습니다.



0세부터 글로벌 유전인자를 개발하라

# 만 2~5세아 자녀지도 이렇게!

예방의 1온스는 치료의 1파운드와 맞 먹는다.          ... 영국 속담


유아의 발달단계에 따른 발달과업이 있습니다. 유아기 중에서 부모님의 가장 관심의 대상이 되는 만 2세~5세아 위주로 각 연령시기에 두드러진 특성과 지도법을 간결하게 제시합니다. 여러분의 자녀지도와 여러분 주변의 이 시기 자녀교육에 걱정이 많은 분들에게 좋은 길잡이가 되기를 바랍니다.


## ❀ 미운 두 살배기

이 시기(만 2세아)를 제2탄생이라 부릅니다. 이전까지만 해도 부모에게 완전 의존상태이지만, 두 돌이 지나면 혼자의 활동시간이 많아집니다. 주위의 장난감이나 도구를 갖고 혼자만의 상상놀이를 즐겨합니다. 가장 두드러진 특징은 '나'란 자아의식의 생성입니다. 이 때문에 '고집불통', '응석받이'란 호칭도 붙어 다니게 됩니다. 서양에서는 '미운 두 살 박이(terrible twos)'라는 표현도 있습니다. 만 2세아를 위한 자녀지도의 핵심요령 몇 가지를 제시하고자 합니다.

① 엄마의 일에 참여시키는 기회를 만들어주세요.

이 시기 자녀는 엄마가 하는 것을 똑같이 해보려고 합니다. 시장바구니 정리, 설거지, 방청소 등등 엄마가 하는 무엇이든지 하려고 합니다. 모든 일에 다 자녀를 참여시킬 수 없지만, 실패의 확률이 가장 낮은 일들부터 선택하여 참여시키는 것이 좋습니다.

② 규칙적으로 대소변, 세수 등의 일을 하게 하세요.

이 시기는 대소변 훈련의 적기입니다. 항상 애정과 관심을 갖고 편안한 분위기 속에서 규칙적으로 '응가' 또는 '쉬'를 반복적으로 연습시키고, 성공하였을 때 따뜻하게 격려해 주세요.

③ 다양한 자연 및 생활환경에 접하도록 해주세요.

이 시기 아이들은 움직이는 물체에 지대한 관심을 보입니다. 자동차와 같은 물체를 통해 속도, 거리, 시간 등에 대해 인지하기 시작합니다. 또한 곤충이나 동물들의 모습, 동작이나 음성을 흉내 내기를 무척 좋아합니다. 자신이 만든 그림자놀이도 즐겨하며, 이 과정에서 해, 구름, 하늘 등 자연현상에 관심을 갖게 됩니다. 자연과 주변 환경 그 자체가 이 시기의 자녀의 산 교과서입니다

### ④ 자녀의 언어발육을 촉진하는 모델의 역할을 하세요.

이 시기는 언어발달이 가장 왕성하게 일어나는 시기입니다. 특히 정확한 발음형성의 적기라고 할 수 있습니다. 잘못된 발음과 발성은 자연스러운 상황에서 정확한 발음을 여러 번 들려주어 교정할 수 있도록 지도하며, 반복해서 정확하고 명확한 발음을 듣고 말할 수 있는 환경을 만들어주어야 합니다.

또한 유아는 자신이 직접 경험한 내용이 등장하는 그림책이나 이야기책 보기를 즐거워합니다. 가능한 다양한 경험을 할 수 있도록 하는 기회를 많이 줍니다. 그리고 이야기책들을 통해 자신의 경험을 재구성할 수 있는 기회를 만들어주세요.

### ⑤ 지정된 낙서 코너를 만들어주세요.

이 시기 아이들은 크레용, 색연필, 연필 등으로 선을 긋거나 긁적거리기를 즐거워합니다. 이 시기엔 긁적거리기를 좋아하지만 낙서해도 되는 장소와 해서는 안 되는 장소를 구분하는 인지능력은 없답니다. 따라서 장소를 지정하여 주고 그곳에서만 긁적거리기나 낙서하

게 하는 것이 좋습니다. 아이가 쉽게 접근 가능한 벽면에 커다란 하얀 종이를 붙여주고 그곳에 자유롭게 긁적거리기를 하게 하세요.

## ✿ 당당한 모방자

이 시기(만 3세아) 아이는 상당한 정도의 자발성과 독립성을 보입니다. 주변인의 행동을 본뜨기보다 스스로 궁리하여 놀이하며 몰입합니다. 또래아이들에게 적극적인 관심을 보이며, 함께 어울려 놀이하기를 원합니다. 소유의식이 강한 시기이므로 장난감, 소지품으로 인한 질투, 싸움이 빈번히 발생합니다. 무엇보다 특정 사물이나 놀이, 또는 장난감에 집착하지 않도록 관심사를 폭넓게 넓혀주는 놀이를 유도하는 부모의 지혜가 요구됩니다.

① 격리불안을 줄일 수 있도록 세심하게 배려해 주세요.

격리불안이란 엄마와 떨어지지 않으려는 현상을 말합니다. 0~2세 사이에 엄마와 아이 간에 정서적 유대관계가 잘못 이루어지면, 이 시기에 엄마와 떨어지지 않으려는 격리불안이 나타납니다.

자녀가 격리불안을 보이면 자녀가 안심하고 잠시 엄마와 떨어져 있게 하는 방도를 적극 강구할 필요가 있습니다. 예를 들면, 아이가 적응할 때까지 아이와 함께 원에 가서 있거나, 자녀가 좋아하는 엄마의 소지품을 간직하게 한다든가, 떨어져 있는 사이 언제든지 엄마와 연락이 닿을 수 있음을 환기시켜준다든가 하는 것이 될 것입니다.

② 정서적 갈등을 해소시켜주고 가능한 상상력을 넓혀주세요.

이 시기는 감정의 기복이 매우 심합니다. 자발성이 발달하여 스스로 하고자 하는 일이 많아지지만 그 만큼 자신의 뜻대로 잘 안 되는 경우가 많아 스트레스를 많이 받습니다. 그래서 잘 토라지기도 하고 울기도 합니다. 가장 효과적인 해소방안은 가장놀이나 상상놀이를 많이 하게 합니다. 예를 들면, 엄마 · 아빠 역할놀이, 병원놀이, 동물 농장놀이 등을 통해 현실에서 표현할 수 없는 억눌린 감정과 표현들을 마음껏 발산할 수 있는 기회를 제공합니다.

③ 또래 아이들과 함께 놀이할 수 있는 기회를 만들어주세요.

만 2세 아이가 엄마행동을 본뜨기를 좋아한다면, 3세 아이는 또래 아이들의 행동을 본뜨기를 좋아합니다. 자신보다 어린아이들과 함께 시간을 갖게 되면, 자신이 의젓한 형 또는 언니의 역할을 통해 자긍심을 갖는 계기가 됩니다. 반대로 나이든 아이들과 함께 하면, 자신도 형이나 언니처럼 생각하고 행동하려는 자극을 받아 인지적 성장을 촉진하는 계기가 되기도 합니다.

## 🍀 멋쟁이 신사

이 시기(만 4세 아) 아이는 천진난만한 해맑음, 상상력, 창의성, 번 뜩이는 지혜 등을 엿볼 수 있어 살아서 움직이는 보석처럼 반짝이며 참으로 귀엽다는 느낌을 주는 시기입니다.

### ① 개성을 찾아 키우도록 하세요.

참 꿈이 많은 시기입니다. 겁 없이 직접 시도해 보기도 하고, 무엇 이든지 하면 된다는 확신을 갖는 시기입니다. 동화 속의 왕자도, 공 주도, 마귀할멈도, 지킬 박사도 될 수 있다고 생각하는 시기입니다.

각 아이의 개성을 찾고 그것을 키워주려면, 다양하면서 좀 더 전문 적인 체험을 기획해야 합니다. 예를 들면, 박물관, 미술관, 식물원, 해양박물관, 첨단엑스포박물관, 민속마을, 광산촌, 농어촌 등 폭넓고 깊은 인상을 남길 수 있는 체험기회를 마련해 주세요. 특히 유념해야 할 것은 "나를 쏙 빼닮아 이런 것을 좋아할 거야!"라는 편견을 갖지 않는 자세가 매우 중요합니다.

### ② 비구조화된 놀잇감들을 제공하세요.

이 시기는 인생의 어느 시점보다 유연한 사고가 왕성해집니다. 번 뜩이는 아이생각 때문에 깜짝깜짝 놀랄 때가 많습니다. 아이의 사고 가 질적, 양적으로 왕성하게 팽창되는 시기입니다. 이 시기 유아의

사고의 유창성, 독창성, 정교성, 다양성을 자극하기 위한 놀이경험이
중요합니다.

예를 들면, 레고, 블록, 점토, 이젤 놀잇감, 핑거페인트, 종이접기,
물놀이, 모래놀이, 모자이크 등의 놀이가 적절합니다. 이들 놀잇감을
비구조화된 놀잇감이라 부릅니다. 비구조화된 놀잇감의 특성은 아이
가 생각한대로 자유자재로 변화가 가능한 놀잇감을 말합니다. 이의
반대는 구조화된 놀잇감입니다. 놀이하는 순서와 절차가 정해져 있
는 퍼즐판과 같은 놀잇감을 말합니다.

### ③ 열린 질문에 즉각적인 반응을 보여주세요.

이 시기는 의문이 많은 시기입니다. 생각이 만들어지는 시기이므
로, 자신의 생각과 차이가 나거나 다른 점이 자주 나타나게 됩니다.
그래서 "왜요?", "이건, 무엇이죠?" 등과 같은 질문을 달고 다닙니다.
꼭 유념해야 할 사항은 자녀의 질문에 정답을 해주겠다는 생각보다
자녀의 질문에 관심을 보이며 참여한다는 생각을 가지는 태도가 중
요합니다.

질문의 답을 모를 때, 망설이거나 나중에 가르쳐준다는 식의 반응
으로 기피하여 자녀의 사고의 확장기회를 차단해서는 안 됩니다.
"난, 잘 모르겠는데 너의 생각은 어때?, 우리 함께 알아보자" 등의 참
여적 반응으로도 아이를 신나게 만들기에 충분합니다.

④ 다른 사람의 관점을 고려할 수 있는 기회를 만들어주세요.

이 시기는 자아중심성이 강합니다. 내가 아프면, 엄마도 아프고, 내가 배고프면 엄마도 배고프다는 생각을 합니다. 자기의 입장에서 타인의 생각이나 정서를 읽습니다. 그림을 그릴 적에도 보이는 면만 그리는 것이 아니라 자기가 생각한 것을 그립니다.

말을 그리는 경우, 보이지 않는 반대편의 말의 다리를, 임신한 엄마를 그리면서 뱃속에 아기를 그리는 등 투시안적 삼차원 그림을 그립니다. 탈자아를 위해 지속적인 타인과의 접촉, 지속적인 사물이나 대상과의 접촉이 필요하므로 이러한 경험의 기회를 풍부히 제공해 주어야 합니다.


⑤ 결과보다 과정, 동기가 더 소중하다는 것을 알려주세요.

아동심리학자 삐아제는 '책상보의 반점' 실험을 한 적이 있습니다. 실험자는 다음의 상황을 들려주고 질문을 합니다. "한 아이는 외출한 아빠의 책상을 정리하려다 실수로 잉크를 쏟아 하얀 책상보에 큰 반점을 만들고 말았고, 다른 아이는 아빠의 외출을 틈타 만년필을 몰래 사용하다가 작은 반점을 만들었단다. 누가 더 많은 벌을 받아야하나요?" 이 시기의 대부분 아이들은 "큰 반점을 만들었잖아요."라며 큰 반점을 만든 아이가 더 큰 벌을 받아야 한다고 반응합니다. 그 동기가 선하느냐 나쁘냐에 관계없이 일어난 결과의 크기에 의해 판단하는 것이 이 시기의 특징입니다.

# 🍀 교차로 탐험가

이 시기(만 5세 아) 아이는 유아기의 발달특성과 아동기의 발달특성이 교차되는 전환기적 시기입니다. 자기중심적 성향을 보이다가 금방 타인이해적 의젓한 행동을 보입니다. 부모의 눈에 확연히 아이의 티를 벗어 어른스러워졌다는 느낌을 받기도 합니다. 한편으로 사건이나 이야기의 단편적인 면에 집중하다가 전체의 흐름, 줄거리, 더 나아가 인과관계에도 깊은 관심을 보이기 시작합니다.

### ① 위인동화를 많이 들려주거나 보게 하세요.

이 시기는 자신이 좋아하는 직업이나 우상이 나타나는 시기이며, 자신이 좋아하는 물건이나 사람이 있다면, 모든 면에서 동일시하려 합니다. 위인전에 등장하는 큰 인물이나 역사적 인물들이 이 시기의 모델링 대상으로 가장 적질하다고 봅니다. 위인동화를 많이 들려주거나 읽게 해주세요.

인간적 한계, 역경을 넘어 위대한 업적과 생애를 보낸 각 분야의 위인들의 전기를 통해 자녀가 진정으로 추구하는 모델과 관심사를 구체화할 수 있게 됩니다. 위인전을 통해 자신처럼 나약함과 부족함은 약점이 아니라 큰 성취를 위한 시련과정임을 서서히 인식하게 됩니다. "하면 된다."는 무한한 잠재적 가능성의 희망을 품게 됩니다.

② 말 이어가기 게임, 스무고개와 같은 게임을 함께 해 보세요

이 시기 유아는 경쟁심도 승부욕도 매우 강합니다. 어떤 경쟁에서도 패자가 되기를 원치 않으며 반드시 이기고자 합니다. 이는 이 시기가 규칙이나 법칙에 대한 인식이 싹트는 시기이기 때문입니다. 마치 탐험가처럼 자기가 작성한 보물지도를 실제 규명하려는 것과 비슷합니다.

이를 잘 활용하면 다양한 방면의 발달을 자극할 수 있습니다. 추천할 만한 게임은 말 이어가기, 스무고개, 퍼즐조각 맞추기, 레고쌓기 등을 들 수 있습니다. 어휘력, 추리력, 상상력, 시·공간개념, 기하도형능력 등의 신장을 도울 수 있습니다.


③ 여행의 경험을 자주 갖도록 합시다.

이 시기는 자녀의 경험의 폭을 확장시켜줄 때입니다. 가능한 다양한 사람의 생활환경과 생활상을 접할 수 있는 기회를 제공하여 줍시다. 농촌, 어촌, 광산촌, 도시 등의 생활과 삶을 직접 체험하는 기회를 갖는 것도 좋습니다. 글로벌시대이므로 가능하다면, 외국인들의 생활과 삶, 언어와 습관 등에도 직접 접할 수 있는 기회를 만들어 줍시다. 이 시기에 보고 듣고 느낀 모든 것이 후기의 사고와 정서의 주요 판단기준이 될 수 있습니다.

일본의 부모들은 벌써 40년 전부터 세계 속에서 자녀 키우기를 실천해 왔습니다. 30년 전 저의 미국유학길 비행기가 동경을 경유하여



0세부터 글로벌 유전인자를 개발하라

LA에 가는 노스웨스트항공이었습니다. 그 비행기에 일본유치원생들이 방학을 맞아 배낭을 메고 미국 체험여행을 가는 것이 아닙니까? 그때는 얼마나 일본 부모가 부러웠는지 말로 다 형언할 수 없었습니다.

④ 자녀만의 비밀장소나 공간을 만들어 주세요.

이 시기는 자신의 소유물과 타인의 소유물에 대한 구별의식이 생기기 시작합니다. 무엇보다 자신만의 물건과 공간을 원합니다. 자녀의 방을 들어갈 때에는 반드시 노크하고, 자녀의 방을 청소하거나 정리할 경우, 자녀의 승낙이나 허락없이 물건을 옮기거나 가져나오지 않도록 하는 것이 바람직합니다.

자녀의 프라이버시를 지켜주어야 부모의 프라이버시도 존중받게 되는 것입니다. 자녀의 모든 것을 다 알고 있어야 한다는 생각보다 자녀가 원하고 바라는 것이 무언가를 알고 그것을 인정하고 수용하는 자세가 더 중요하다고 봅니다.

⑤ 감성적으로 풍부한 인성을 만드는 적기로 활용하세요.

만 4세 아가 인지적 분화가 왕성하게 일어나는 시기라면, 만 5세 아는 정서적 분화가 왕성하게 일어나는 시기입니다. 연극, 인형극, 공연, 음악회, 전시회 등에 많이 참여할 기회가 제공되어야 합니다.

어린이는 어른과 달리 구체적 내용줄거리나 연기자의 연기내용 등에 초점을 맞추기보다 전체적 맥락이나 분위기를 동시에 받아들일 수 있는 종합적 사고특성을 갖고 있습니다. 부모가 의도하지 못한 전혀 다른 면의 유익함을 자녀가 찾거나 경험할 수 있게 됩니다.

0세부터 글로벌 유전인자를 개발하라

# '공주', 이 세상에서 가장 아름다운!

본능적인 사랑만으로는 자녀를 잘 키울 수 없다. 어머니 자신의 마음이 맑지 않고서는 올바르게 자녀를 인도할 수 없다.

... 페스탈로치

## ♣ 유아교육의 4대 원칙

유아교육을 하는 사람이라면 누구나 아는 '4대 원칙'이 있습니다. 그것은 이러합니다.

1. The earlier, the better.

2. The longer, the better.

3. The higher, the better.

4. The poorer, the better.

위의 4대 원칙은 유아교육의 학습효과와 직접적으로 관계됩니다. 각각의 의미를 옮겨보면, 다음과 같습니다.

첫 번째 원칙은 유아교육의 '적정 학습시기'에 관한 것입니다. 유아교육은 빠르면 빠를수록 그 교육효과는 큽니다. 5세보다 4세, 4세보다 3세, 3세보다 2세, 2세보다 1세, 1세보다 0세에 시작하는 것이 좋다는 것입니다.

두 번째 원칙은 유아교육의 '적정 학습기간'에 관한 것입니다. 1년보다 2년, 2년보다 3년 등, 학습기간이 길면 길수록 그 교육효과는 좋다는 것입니다.

세 번째 원칙은 유아교육의 '적정 교육질'에 관한 것입니다. 유아교육프로그램의 질이 높으면 높을수록 그 교육적 효과는 더 좋다는 것입니다.

네 번째 원칙은 '적정 교육기회'에 관한 것입니다. 저소득층이나 빈곤계층 출신의 유아일수록 교육의 기회가 많아야 하며 동시에 훨씬 더 양질의 교육이 제공되어야 한다는 것입니다.

일반인이 알고 있는 상식지식과 거리가 있을 수도 있습니다. 유아교육은 교사요인과 환경요인 이외에 적정 학습시기, 적정 학습기간, 적정 교육질, 적정 교육기회 등에 의해 그 효과와 성과가 좌우된다고 하겠습니다.

바야흐로 부모들이 어린이교육의 전문가가 되는 시대에 접어든 것 같습니다. 여러분! MT란 용어를 들어보셨는지요? MT란 'Mother

Teacher'의 머리글자로서 엄마선생님을 말합니다. 여러분! MT의 시대, 정말 멋지지 않나요?


## 🍀 이 세상에서 가장 아름다운 것

저는 가끔 이 세상에서 가장 아름다운 것이 무엇일까라고 생각해 봅니다. 사람마다 질문 받는 시점에 따라 달라질 수도 있습니다. 우연히 공중화장실에서 발견한 '이 세상에서 가장 아름다운 것' 으로 소개된 내용입니다.


① 어머니의 미소

② 어린이의 손등

③ 들판에 핀 백합

④ 밤하늘에 반짝이는 별

⑤ 쇼팽의 음악


정말 공감이 가는 항목들이지만, 이보다 더 아름 것이 문득 머리에 떠올랐습니다. 그것은 바로 '공주' 입니다. 공주란 우스갯소리로 하는 '공포의 주둥아리' 를 줄어서 일컫는 속어로 많이 사용된 적이 있습니다. 여기서 말하는 '공주' 란 '공부하는 주부' 의 줄임말입니다.

한 번 머릿속에 그려보세요. 자녀 옆에 앉아 열심히 아이에게 무언가 설명하고 있는 엄마 모습 말입니다. 그리고 이 엄마의 이마에 송송 맺혀있는 이슬과 같은 땀방울을 말입니다. 이 얼마나 지성의 매력이 느껴지는 모습입니까? 이 모습에 반하지 않을 남편은 없을 것입니다. 단 한번이라도 남편이 이를 목격한다면, 그 남편은 진한 감동의 여진이 남아있어 이는 퇴근 후 남편의 발걸음을 집으로 끌어당기는 만유인력으로 작용할 것이기 때문입니다.

저는 엄마가 바로 '지도자 중의 지도자 즉, 왕지도자' 라는 철학을 가지고 있습니다. '공주(공부하는 주부)' 가 이 시대의 진정한 '참지도자' 라고 생각합니다. 여러분! 만일 국가의 '과거 일을 걱정하는 대통령', '현재 일을 걱정하는 대통령' 그리고 '미래 일을 걱정하는 대통령' 이 있다면, 이 중에서 어느 대통령이 가장 큰 포부를 가진 국가지도자라고 생각하십니까?

누구든지 '미래 일을 걱정하는 대통령' 이라고 대답할 것입니다. 그렇습니다. 미래의 국가 일을 염려하고 국정을 펴는 지도자가 진정한 국가지도자라고 할 수 있을 것입니다. 우리는 아직 그런 국가지도자를 한 번도 모신 적이 없다는 점이 몹시 안타깝습니다.

미국은 이런 지도자가 한두 사람 있어 부럽습니다. 그 한 명은 바로 오늘의 오바마 흑인대통령의 정신적 지주가 된 링컨 대통령이고, 또 다른 한 명은 진보적 프론티어 정책을 펼친 케네디 대통령입니다. 미국 건국사상 232년 만에 흑인대통령을 맞이한 미국인들은 오바마 대통령에게 미래 일을 걱정하는 대통령이 되어달라는 강한 기대를 거는 것 같습니다.

미래는 무엇을 말하며, 구체적으로 미래는 무엇을 지칭하는 것일 까요? 혹자는 앞으로 다가올 특정 시점을 막연하게 미래라고 표현할 수도 있습니다. 그러니 여기서 말하는 미래란 바로 '어린이'입니다. 그렇다면 국가의 미래가 어린이고, 미래를 위해 불철주야로 노심초 사하는 참다운 지도자가 누구일까요? 미래인 어린이를 위해 잠에서 깨어나고, 어린이를 위해서 울고 웃고, 어린이를 위해 헌신하고 봉사 하며, 어린이의 성공만을 위해 기원하는 사람 말입니다. 바로 그 사 람이 '엄마'입니다.

## 🍀 아름다운 애국자 – 부모

엄마는 바로 국가의 미래인 '어린이'를 위해 어느 한순간도 손 놓 지 않고 그 안위와 성공을 기원하는 사람입니다. 국가의 진정한 미래 지도자가 바로 엄마인 것입니다. 항상 나랏일 때문에 노심초사한다고 떠들어대는 정치지도자나 사회지도자들도 선거철 말고 평상시에 한 번도 제대로 '어린이' 문제에 관심과 애정을 보인 적이 없지 않습니 까? 누구도 이들이 진정한 국가의 지도자라고 말하지 않을 것입니다.

누구로부터 한 번도 칭찬과 격려를 받지 않아도 몸과 마음을 다해 미래인 어린이를 돌보는 엄마들, 이들이 있기에 나라의 미래가 있는 것입니다. 부모 여러분! 여러분이 '진정한 국가지도자'라고 할 수 있고 '진정한 애국자'라고 저는 단언적으로 말할 수 있습니다.

우리가 부모를 국가지도자와 애국자라고 호칭할 때에는 분명 부모들은 일정 자격과 자질을 갖추어야 할 것입니다. 미래인 어린이를 지도하고 이끌 수 있는 자질과 자격이 무엇이겠습니까? 이는 바로 어린이를 가르치고 지도할 수 있는 능력, 즉 '수업능력'을 직접 갖추거나 아니면, 어린이가 글로벌시민으로 자랄 수 있는 '준비된 환경'을 마련해 주는 자질과 자격을 가진 부모라고 봅니다.

나라 지도자를 잘 만나 못사는 국민을 본 적이 없고, 실패한 국민을 본 적이 없습니다. 마찬가지로 부모를 잘 만나 잘못된 어린이, 실패한 어린이를 본 적이 없습니다.

저는 역할 면에서 부모를 국가지도자, 애국자 반열에 올려놓았습니다. 그런데 사실 이러한 대접을 받을 준비된 부모가 얼마나 될까요? 어느 날 갑자기 자녀출산으로 인해 부모의 칭호를 부여받는 경우가 허다합니다. 어린이는 선천적으로 자발적인 학습탐구 본능을 가지고 태어났고, 무엇이든지 받아들일 수 있는 흡입마인드를 가지고 있습니다.

이들 어린이의 성장과 발달에 꼭 필요한 지적영양소를 어린이의 손발이 닿을 수 있는 위치에서 적기에 잘 배치하여 주어야 합니다. 이러한 배치를 잘 할 수 있는 사람을 유아교육 전문가로 부릅니다.



0세부터 글로벌 유전인자를 개발하라

유아를 직접 가르치는 사람을 유아교육 전문가라고 좁게 생각하기 쉽지만, 광의의 유아교육 전문가는 유아 스스로 탐색과 탐구를 할 수 있는 '준비된 환경'을 마련하고 제공하는 자입니다.

자신의 이익보다 상대방의 이익을 우선 생각하고, 자신의 성공보다 상대방의 성공을 먼저 염두에 두며, 자신의 편안함보다 상대방의 편안함을 앞서 걱정하는 사람이 바로 부모입니다. 부모들은 이러한 태도와 자세로 자녀의 성공과 성장을 한결같이 염원하고 있지 않습니까? 이러한 부모의 말씀을 금과옥조처럼 잘 지키고 준수하는 자녀가 있다면, 그들은 레드카펫 위의 순탄한 성공가도를 달리게 되리라고 확신합니다. 이제 '준비된 환경'을 제공할 부모가 됩시다.


## ❀ 현대 부모의 트라이앵글


현대 부모가 갖추어야 할 세 가지 마인드가 있습니다. 부모는 교육자 마인드, 전문가 마인드, 그리고 경영자 마인드를 가져야 합니다. 과거에는 자녀의 생존적 욕구, 안전의 욕구, 애정의 욕구 등 기본적 욕구만 충족시켜주면 훌륭한 부모였습니다. 부모는 자녀에게 입혀주고, 먹여주고, 재워줄 수 있으면 훌륭했습니다. 그러나 지도자로서 현대부모의 역할은 자녀의 생존욕구를 넘어 자녀의 자존욕구와 자아실현욕구를 실현할 수 있도록 조력하는 것입니다.

첫째, 부모의 전문가 마인드입니다. 여러분은 토끼와 거북이가 달리기 경주를 하면 누가 이긴다고 생각하십니까? 저는 거북이라고 생각합니다. 토끼와 거북이는 경주전략에서 이미 질적 차이를 갖고 있습니다. 토끼는 거북이를 경쟁 대상으로 삼았기 때문에 거북이가 느릿느릿하게 오면 낮잠을 자거나 게으름을 피우게 됩니다. 토끼는 자신의 삶이 아니라, 거북이 삶을 흉내 내고 견주었던 것입니다. 토끼는 거북이 이상으로 거북이를 흉내 낼 수 없기 때문에 결국 거북이에게 지고 맙니다.

거북이는 어떻습니까? 토끼를 경쟁 대상으로 삼지 않고 목표지점인 깃발에 초점을 맞추었습니다. 토끼의 행동에는 신경 쓰지 않고 오로지 목표지점을 향해 최선을 다하는 것입니다. 자신과 자신이 정한 목표에 진검승부를 겁니다. 토끼와 거북이의 전략에 질적 차이가 나므로 거북이의 우승은 쉽게 예측할 수 있습니다.

전문성 마인드란 바로 거북이의 경주전략과 같은 것입니다. 내 자녀의 장점, 개성, 역량에 초점을 맞추고 그러한 특성을 최대한 육성하는 방향으로 준비된 환경을 조성하는 태도를 말합니다. 주변을 두리번거리지 않고, 주변의 정황에 지나치게 민감하지 않고, 꾸준하고 안정된 방향으로 자녀의 개성과 장점을 하나씩 적기에 발현시킬 수 있는 준비된 환경을 제공하는 마인드입니다.

둘째, 교육자 마인드입니다. 교육자 마인드란 바로 유아들의 학습 대상이나 자극 속에 각 시기에 필요한 어떤 영양소(인지영양소, 정서



O세부터 글로벌 유전인자를 개발하라

영양소, 언어영양소, 사회성영양소, 신체영양소)가 있는지를 잘 파악하고 그들이 제때에 섭취할 수 있게 하는 '준비된 환경'을 제공하는 부모들입니다. 남들이 좋다고 무조건 자녀를 학원, 영어유치원, 원어민학교, 대안학교, 창의체험교실, 조기해외유학을 보내는 것이 아니라 자녀에게 꼭 필요한 영양소를 흡수할 수 있게 안내할 수 있는 교육마인드를 가진 부모를 말하는 것입니다.

셋째, 경영자 마인드입니다. 경영자 마인드란 철두철미한 과학화에 의해 자녀교육을 설계하는 것을 말합니다. 경영학에서 말하는 저비용 고효율 법칙이 적용되는 자녀교육 전략입니다. 맹목적으로, 주먹구구식으로 자녀교육을 설계하지 않고 부모 스스로가 자녀교육 설계사가 되어 가장 편리하면서 교육성과를 극대화할 수 있는 교육설계를 구안하는 자세를 말합니다. 경우에 따라, 자녀교육을 투자개념으로 보고, 지금의 시설에서는 필요한 교육적 경험이나 자극을 적기에 제공할 수 없다고 판단하면, 과감하게 그것이 가능한 시설, 프로그램에로 자녀를 적극적으로 안내하는 것입니다.

우리의 자녀가 주인이 되는 미래의 세상은 사랑, 행복, 희망이 가득한 사회와 국가가 되어야 할 것입니다. 그것은 '공주'의 몫입니다. 피, 땀, 눈물 없이 아름다운 미래는 결코 오지 않을 것입니다. 그래서 공주의 이마에 맺힌 땀방울이 이 세상에서 제일 아름다운 것입니다. 저는 아름다운 공주의 세상을 기대합니다.

# 자녀의 황금나침반이 되자

자신이 해야 할 일을 결정하는 사람은 세상에서 단 한사람, 오직
나 자신 뿐이다.                                    ... 웰스

## ❖ I'm OK, You're OK

저는 부모교육 학자 중에 토마스 해리스(Thomas Harris) 박사를 좋
아합니다. 그는 의사이면서 상담치료 전문가입니다. 그는 저서 〈*I'm
OK, You're OK*〉에서 부모−자녀 관계에서 나타나는 네 가지 유형을
간명하게 제시한 바 있습니다.

제1 유형: I am OK, You are OK.
제2 유형: I am OK, You are *not* OK.

제3 유형: I am *not* OK, You are OK.

제4 유형: I am *not* OK, You are *not* OK.


여러분은 자녀와의 관계가 어떤 유형에 속한다고 생각하십니까? 제1 유형이 가장 긍정적인 관계이며, 제4 유형이 가장 부정적인 관계입니다. 관계하는 대상이 누구든지 간에 4가지 관계유형이 적용될 수 있습니다. 베스트셀러였던 자기계발서 〈긍정의 힘〉을 언급하지 않아도, '자기긍정, 타인긍정' 하는 자세는 가장 건설적, 생산적인 관계입니다. 그러나 '자기부정, 타인부정' 하는 자세는 무용론적 입장으로 가장 비생산적이며 파괴적 관계입니다.

캐나다 출신의 유명한 부모교육 학자 에릭 번(Eric Berne) 박사는 인간의 머리는 레코드와 같다고 하였습니다. 현재는 기억할 수 없는 영·유아기의 모든 경험까지도 특별한 계기만 주어진다면 언제든지 재생해 낼 수 있다는 것입니다. 어린 시절의 경험은 의식수준에서 출현하지 않지만, 무의식적 상태에 있다고 어떤 계기가 되면 바로 등장한다는 것입니다.

어머니는 어린 딸에게 "너는 절대로 식탁 위에 모자를 놓거나 침대 위에 외투를 벗어놓지 말아라."라고 늘 말씀하셨습니다. 그래서 그녀는 평생 동안 단 한 번도 모자를 식탁 위에, 외투를 침대 위에 놓아본 적이 없었습니다. 딸은 결혼하여 자녀를 둔 후에도, 자신의 자녀에게도 그 규칙을 엄격하게 적용하여 왔습니다. 아무런 의심 없이 그녀의 친정어머니가 정해놓은 규칙을 금과옥조처럼 지키면서 수십 년을 살아오다가, 어느 날 그녀는 어머니를 만나 "어머니는 왜 모자나 외투를 절대로 식탁이나 침대 위에 놓지 말라고 하셨어요?"라고 물어 보았습니다. 그녀의 어머니는"네가 어릴 적엔 너의 친구들의 몸에 이가 득실득실 거렸단다. 특히 추운 겨울철에는 밖에 있다가 실내로 들어오면, 이가 모자나 외투에 옮기고, 모자나 외투를 벗어놓으면, 그 속에 있는 이가 집안에 옮았지." 어머니의 설명을 들은 그녀는 자신이 평생토록 지켜온 규칙이 지금은 아무런 의미나 가치가 없었음을 깨달았습니다.

한 번쯤, 왜 그런 행동은 하면 안 되는지에 대해 자녀에게 한번이라도 그 이유를 설명하였다면, 그것이 지금의 자녀에게도 그토록 준수해야 할, 절대로 어겨서는 안 될 불문율이 대를 이어 지속되지는 않았을 것입니다. 이 어머니는 어린 시절 자신의 어머니의 훈계를 테이프 레코드처럼 그대로 무조건 머릿속에 기재하여 두었다가 자신이 엄마의 역할을 수행할 때 무의식적으로 재생하여 그녀의 자녀에게도 적용하고 만 것입니다. 단, 한번이라도 안 되는 이유를 설명만 하여주었다면, 얼마나 좋을까를 생각해보게 하는 것입니다.

우리 주변에는 이런 경우가 비일비재할 것입니다. 어린 시절에 저의 할머니는 늘 밥을 흘리지도 말고, 남기지도 말고, 밥그릇에 밥알이 없이 깨끗하게 먹어야 복을 받는다고 귀에 못이 박힐 정도로 늘 말씀하셨습니다. 당시는 보릿고개가 있는 시절이었고, 워낙 식량이

귀한 때여서 할머니는 쌀 한 톨이라도 아끼는 자세를 키워주기 위해 그렇게 말씀한 것입니다.

지금은 남기고 흘리는 것이 문제가 아니라, 건강과 위생이 더 중요한 시기입니다. 교육적 관점에서 자신이 먹을 만큼의 음식을 골고루 선택하여 먹게 하는 식습관 태도가 더 중요할 것입니다. 제가 만일 전문가가 아니었다면, 이것을 위의 어머니처럼 지금도 그대로 저의 자녀들에게 강요하면서 살았을 것입니다. 마치 이것이 가풍이요, 가훈처럼 여기고 말입니다.


## 🍀 세 가지 자아상태


에릭 번(Eric Berne)은 인간은 인생초기에 부모와의 상호작용을 통해서 자아가 형성되는데 세 가지 자아의 유형이 있다고 합니다. 세 가지 자아 유형은 '어린이 자아, 성인 자아, 부모 자아' 입니다. 어린이 자아는 즐거움과 쾌락 등 생물학적인 쾌락 욕구와 충동적 감정을 표현하는 자아입니다. 어린이답게 엉뚱하면서 기발함, 창의적인 직관성을 보이는 자아입니다.

성인 자아는 현실을 객관적으로 파악하며, 감정에 좌우되지 않고, 항상 원칙과 절차에 따라 객관적으로 공정하게 행동하고 생각하는 자아입니다. 부모 자아는 도덕과 윤리를 강조하며, 보살펴주고 도와

주려는 양육자와 훈육자의 자아입니다. 마치 아랫사람을 통제하고 훈계하며 처벌하려는 심판가적 자아의 성격을 갖습니다.

모든 인간은 이 세 가지 자아상태를 함께 가지고 있습니다. 어린이에게도 이 세 가지 자아상태가 있고, 어른에게도 이 세 가지 자아상태가 있으며, 할아버지와 할머니에게도 이 세 가지 자아상태가 내재하고 있는 것입니다. 사람에 따라 자신이 가진 세 가지 자아상태 중 어느 특정 자아 상태를 선호하여 사용하는 경우도 있고, 상황이나 여건에 따라 세 가지 자아 상태를 적절하게 선택하여 사용하는 경우도 있습니다.

가장 건전하고 원만한 부모-자녀간의 관계는 부모가 자녀의 세 가지 자아 상태를 충분히 알고 그것과 어울리는 자신의 자아상태를 선택하여 상호작용 하는 것입니다. 예를 들면, 자녀가 학교에 가지 않은 토요일 아침에 일어나면서 "야! 신나는 토요일이다!"라고 외친다면, 자녀는 학교에 가서 공부하지 않아도 된다는 어린이 자아 상태를 표현한 것입니다. 이 때 엄마도 어린이 자아를 선택하여 "와! 엄마는 모처럼 너와 함께 즐거운 시간을 가질 수 있어서 신난다!"라고 말한다면, 엄마와 자녀의 관계가 아주 우호적이고 친밀한 관계로 그 날은 '멋진 아침' 으로 시작되는 것입니다.

그러나 엄마가 성인 자아를 선택하여, "벌써 8시야. 세수하고 8시 30분에 식사하고 9시부터 학원가야지."라고 대화를 시작하면, 엄마와 자녀의 관계가 싸늘한 관계로 그날은 '우울한 아침' 으로 시작됩니다. 자녀의 자아상태를 바르게 읽지 못하고 자녀가 해야 할 일들을 기계처럼 반복하여 일러주는 '한결같은 엄마' 가 자녀의 눈에는 야속하고 서운하게만 받아들여질 것입니다.

이런 관계는 시간이 흐를수록 엄마와 자녀 간의 관계는 단절되고 맙니다. 엄마 속에서 즐거운 '어린이 자아' 와 따뜻한 '부모 자아' 를 찾지 못한 자녀는 그것이 충족되는 친구나 사람을 찾아 밖으로 나서게 될 것입니다. 누구 탓인가요?

부부간의 관계에서도 각자가 갖는 세 가지 자아가 어떻게 작동하는지 살펴봅시다. 남편이 놀이터에서 부인에게 "여보, 아이들 숨바꼭질하는 것을 보니 옛날 생각이 절로 나는구려!"라고 어린이 자아상태로 말하자, 아내도 역시 "그래요. 어렸을 때 숨바꼭질을 참 재미있게 했었지요"라고 어린이 자아상태로 대답을 하면, 그날의 부부관계는 원만하게 지속되는 것입니다. 그날 저녁은 와인 한잔 곁들인 멋진 외식에 이어 한참 뜸한 부부간의 정분을 충전할 수 있는 멋진 순간까지 발전될지도 모릅니다.

그러나 빗나간 상호교류가 시작되는 경우를 봅시다. 아내가 남편에게 "여보, 내 핸드백 어디에 있는지 못 봤어요?" 물을 때 남편이 "사용한 물건은 제자리에 놓아주세요. 당신은 매일 물건을 여기저기에 놓고 필요할 때마다 찾는 그런 습관이 있어요."라고 대답한다면 그날은 아침부터 부부싸움이 일어나거나, 아니면 어느 한 쪽의 퇴근 시간이 정시에서 벗어나는 사건으로 이어질지 모릅니다.

중요한 것은 부모와 자녀, 부부 간의 상호작용 등 어떠한 관계라도 맹목적, 주먹구구식으로 이루어지지 않는다는 것입니다. 상호간의 어떤 의도, 목적, 방도가 의식적이든 무의식적이든 작용한다는 것입니다. 만일 이러한 상대방의 의도를 바르게 파악하지 못하고 상호작용을 한다면, 두 사람의 관계는 평행선 아니면 악화일로로 치닫게 될 것입니다. 상대방에 대한 애정부족이나 이해부족의 문제가 아니라, 상대방 자아상태에 대한 파악부족이라고 단연코 말씀드릴 수 있습니다.

## ♣ 네 가지 관계기술

사람들이 가지고 있는 세 가지 자아 상태는 매우 중요합니다. 그럼에도 이의 중요성을 실제 생활에서 실천하는 사람은 많지 않은 것 같습니다. 우리가 갖고 있는 수많은 자녀관계 기술들을 면면이 성찰하여보면, 그 대부분은 지금 어린이에게 꼭 필요한 관계기술이라기보다 오히려 부모자신의 어린 시절 무의식중에 배우고 익혀왔던 것을 그대로 적용하는 경우가 많습니다.

우리 부모는 자녀들 중에서 유별히 딸만 밤 12시가 넘어서 귀가하면 큰일이 나는 것으로 생각합니다. 그 이유에 대해 납득할 만한 아무런 설명도 없습니다. 과거에는 그것이 일리가 있었습니다. 12시 넘으면 통행금지 시간이 있었고, 여자가 늦게 머물 수 있는 곳이 전혀 없었습니다.

여성이 일하는 것이 자연스러운 그런 시대도 아니었습니다. 지금은 근무시간이 낮과 밤으로 명확히 구분되지도 않습니다. 서울 강남의 테헤란 거리의 오피스빌딩은 외국 수입상사가 몰려 있는 곳이기에 저녁 8시~새벽 6시까지가 근무시간이고 낮 시간은 휴업상태입니다.

세상은 매일매일 진화합니다. 인간도 진화하는 생명체입니다. 한가지 신기한 것은 부모가 자녀를 대하는 관계기술은 과거나 지금이나 별반 차이가 없다는 것입니다. 이것이 부모-자녀 간의 단절, 부부 간의 단절, 가족 간의 단절을 가속화시키고 있는 원인이 됩니다. 어른과 어린이의 관계기법에 대해서 조금 더 이야기를 진전시켜 보겠습니다.

프로이드의 제자로서 신 프로이드 학파의 거두인 루돌프 에들러(Rudolf Adler) 박사는 "인간은 사회적 동물이다."라고 했습니다. 사회적 동물(social being)이란 '집단에의 소속감(belonging)'을 중히 여깁니다. 예를 들면, 그들에게는 가정이나 학교의 리더인 부모 또는 교사에 대한 소속감이 중요합니다.

집단의 리더, 즉 부모나 교사로부터 승인과 인정을 받기 위해 일으키는 각 어린이의 관계기술에는 4가지 유형이 있다고 하였습니다. 즉 1. 관심얻기(attention), 2. 힘사용하기(power), 3. 보복하기(revenge), 그리고 4. 무기력하기(disability)입니다.

　1유형(관심얻기)에 속하는 자녀는 부모나 교사의 관심을 끌기 위해 그들이 바라고 원하는 행동을 스스로 합니다. 즉, 공부 잘하기, 동생 잘 돌보기, 심부름 잘하기, 혼자서 숙제나 청소하기 등등 … 부모나 교사의 관심을 끌만한 일을 함으로서 집단 내에서의 자신의 자리나 위치를 확보하는 것입니다. 첫째 자녀 중에 이 유형에 속하는 자녀가 많은 편입니다.

　2유형(힘사용하기)에 속하는 자녀는 부모나 교사에게 맞섬으로서 이들의 관심을 끌려고 합니다. 매사에 토를 달며, 반대를 위한 반대를 하며, 암묵적 저항이나 시위를 합니다. 청개구리와 같은 성품입니다. 멍석을 펴주면 놀지 않다가, 멍석을 치우면 노는 이율배반적인 행동양태를 보이는 자녀입니다.

　3유형(보복하기)에 속하는 자녀는 부모나 교사에 대한 정서적으로 억압된 보복심이나 복수심을 보입니다. 부모나 교사에 대한 정면적인 행동 대응이나 저항은 피하지만 은밀하게 보복이나 복수의 칼날을 내미는 자녀입니다. 부모나 교사의 소지품을 모르게 없앤다든가, 이들이 좋아하는 애완동물을 확대하는 일을 저지르는 자녀입니다.

　4유형(무기력하기)에 속하는 자녀는 부모나 교사에게 무기력함을 보여줌으로서 자신의 존재를 과시하는 유형입니다. 귀하게 자란 외아들이나 귀하게 얻은 막내 등에서 흔히 볼 수 있는 유형입니다.

　이 네 가지 유형은 항상 고정적이지 않고 상황이나 관계에 따라 언제든지 변화가 가능한 것입니다. 유치원 1년차에서는 '심부름 잘해’ 교사의 관심을 끌었다가(1유형) 2년차가 되어 담임 교체로 인해 이 방법이 새 교사의 관심을 끌지 못하게 되면, 갑자기 교사에게 맞서는 행동으로 관심끌기의 방식이 전환합니다(2유형).

이처럼 자녀의 적응행동은 어떤 것도 사전에 미리 정해져 있지 않는다는 점입니다. 그러하기에 부모의 식견과 안목에 따라 얼마든지 원하는 방향으로 자녀를 긍정적 방향으로 변화시킬 수 있다는 것입니다. 제가 즐겨 사용하는 말 중에 "보여주는 것만큼 보는 것이 아니라, 보려고 하는 것만큼 본다."는 것이 있습니다.

부모가 자녀의 세 가지 자아상태를 바르게 안다면, 또한 어린이의 네 가지 관계기술 유형을 가지고 있다는 것을 안다면, 부모 여러분은 지금부터 자녀의 황금나침반이 될 자격이 있다고 봅니다.

만일 부모 여러분이 '세 가지 자아상태', '네 가지 관계기술 유형'이란 두 나침반을 갖는다면, 폭풍과 비바람이 몰아치는 칠흑과 같은 망망대해라 하더라도 여러분의 자녀를 한 치의 오차 없이 원하는 지점에 정박시킬 수 있을 것입니다. 황금나침반은 여러분의 선택에 달렸고, 자녀의 내일은 황금나침반에 의해 결정됩니다.

# 열린 부모와 열린 어린이

세상에서 유일하게 가치 있는 것은 활발한 정신이다.　　… 에머슨

## ❀ "엄마, 아빠! 나에게 자유를 달라."

내일의 사회는 어떤 경계선도 어떤 뚜껑도 모두 다 활짝 치운 '열린사회'가 될 것입니다. 자녀가 열린사회에서도 성공하고 행복하려면 반드시 '열린 부모'를 만나야 합니다. 우리 부모들 중 정정당당하게 자신이 열린 사고와 열린 마음을 가진 부모라고 호언장담할 수 있는 부모가 얼마나 많을까요? 또한 자녀들이 매일 접하는 생활환경은 얼마만큼 열린 사고와 열린 마음을 존중하는 분위기로 구성되어 있을까요? 자녀들이 가장 많은 시간을 보내는 학교는 열린 사고와 열린 마음을 안내하는 교육프로그램을 어느 정도 갖추고 있나요?

질문에 대답은 긍정보다 부정입니다. 주변 환경은 자녀의 열린 사고와 열린 정서를 갖게 하는 '준비된 환경'을 갖추고 있지 않는 경우가 허다합니다. 주변에서는 어린이의 욕구와 흥미, 개성과 기질, 그리고 인지양식과 발달수준에 제대로 관심을 집중하는 부모가 많지 않은 것 같습니다.

코앞의 성적 올리는 일에 부모와 교사의 손발이 척척 맞아 돌아가는 세상입니다. 입시철이 되면 그 기승은 최고조에 달합니다. '족집게 과외'란 말이 출세와 일류의 보증수표가 된지 오래되었습니다. 독창적, 창의적인 아이디어보다 틀에 박힌 생각이나 논리가 더 우위를 점하기 마련이고, 서로를 존중하고 협동하는 학습 환경보다 남보다 앞서거나 앞지르는 경쟁적 학습 환경이 더 지지를 받는 세상입니다.

우리 자녀들은 "세상은 넓고 할 일이 너무나 많은데, 부모와 교사가 발목을 잡고 놓아 주지 않는다."고 하소연을 합니다. 초등 3학년만 되어도 부모에게 '자신이 꾸고 있는 그 꿈을 이룰 수 있는 외국'으로 유학을 보내달라고 노래를 부릅니다. 한 연구소에서 '요즘 어린이의 정서'를 다음의 몇 마디로 표현한 적이 있었습니다. "부모이면 다 부모인가 부모이어야 부모이지! 엄마, 아빠! 나에게 자유를 달라. 나의 마지막 자유. 공부하지 않는 자유를 달라!" 참 안타까운 절규라는 생각이 듭니다.

계몽아동연구소에서 조사한 한국 부모의 자녀관 일부를 보면, 첫째, '공부하라' 64퍼센트, 둘째, '싸우지 말라' 14퍼센트, 셋째, '텔

레비전 보지마라' 9퍼센트입니다. 이처럼 우리 부모들의 자녀관의 핵심 키워드는 두 단어로 집약됩니다. 그 하나가 바로 '공부' 이고, 다른 하나가 '하지 말라' 입니다. 우리 자녀들은 이러한 부모의 핵심 키워드를 합성하여 '공부하지 말라' 라고 작위적으로 받아들이고 있지는 않을까하는 염려를 해봅니다.

## ✿ 닫힌 부모의 특성들

열린 사회, 열린 부모, 열린 어린이를 이끌어낸 '열린 헌장' 이라 부르는 영국의 〈플라우든(Plowden) 보고서〉가 있습니다. 이 보고서는 총 555페이지에 해당하는 방대한 '교육현장고발' 실태조사 보고서로서 닫힌 사회, 닫힌 학교, 그리고 닫힌 가정의 병폐를 속속히 파헤쳐 준 역사적 보고서입니다.

이 보고서의 중핵적 가치는 '모든 교육활동의 중심에 아동을 둔다.' 이었습니다. 바로 열린 교육의 시대를 열어야 한다는 것입니다. 이보고서 이전의 모든 교육은 '모든 교육활동의 중심에 교사를 둔다.' 라는 것이 철칙처럼 깊게 뿌리내리고 있었습니다. 〈플라우든 보고서〉의 핵심 정신 몇 구절을 소개합니다.

유아학교는 어린이에게 지식을 파는 상점이 되어서는 안 되며, 가치와 태도를 익히는 곳이 되어야 합니다. 유아학교는 어린이가 최초로 살아가는 법을 배우는 즐거운 곳이 되어야 하며, 미래의 성인이 될 준비의 장소가 되어서는 안 됩니다. 유아학교가 아닌 가정에서도 어린이는 다양한 연령층의 사람들과의 교류를 통해 살아가는 법을 배웁니다.

하지만 유아학교는 가정보다 어린이의 발달에 적합한 환경을 제공하도록 계획되어야 하며, 어린이가 자신의 발달수준에 알맞게 배울 수 있는 여건을 조성하여 주어야 합니다. 유아학교는 모든 어린이에게 동등한 배움의 기회를 제공하여야 하며, 발달부진 및 학습장애를 가진 어린이에게도 적절한 보상교육의 기회가 제공되어져야 합니다. 특히 유아학교는 일상생활 속에서 다양한 체험을 통해 스스로 진리를 발견할 수 있고, 스스로 작업을 창의적으로 고안할 수 있는 기회가 주어져야 합니다.

어린이가 배울 지식은 통합적으로 제공되어져야 하며 놀이와 학습은 별개의 것이 아니라 상호 밀접한 관련이 있음을 알게 해야 합니다. 이러한 분위기 속에서 자란 어린이는 조화롭고 원만한 인성을 가진 인간으로 성장하게 될 것이고, 자력으로 세상을 살아가는 법을 익히게 될 것이고, 살고 있는 세상을 긍정적으로 바라보는 시각을 갖게 될 것입니다. 모든 유아학교가 이런 방향으로 나아갈 수 없지만, 이것은 영국 사회의 대표적인 추세로 빠르게 자리 잡게 될 것입니다.

우리 부모는 〈플라우든 보고서〉가 지향하는 가치인 열린 마음과 열린 가슴을 가져야 할 것입니다. 우리 주변에는 이보다 다음과 같은 닫힌 마음과 닫힌 사고를 가진 부모가 적지 않아 가슴이 아픕니다.

첫째, 지나칠 정도로 감정적인 부모를 들 수 있습니다. 어떤 원칙이나 기준 없이 상황이나 기분에 따라 '이랬다 저랬다' 하는 식의 부모입니다. 이러한 경우 자녀는 스스로 독자적으로 일을 계획하고 실천하지 못한 채, 사고와 정서의 중심에 항상 부모를 두게 되고 부모에게 의존하려 합니다.

0세부터 글로벌 유전인자를 개발하라

둘째, 쉽게 자만에 빠지는 부모를 들 수 있습니다. 부모 자신만이 자녀를 제일 잘 안다는 과신합니다. 자녀의 발달수준에 대한 지식 없이 주관적 경험에 의해 충동적으로 자녀를 판단합니다. 예를 들어, 만 2세경 자아의식이 싹틀 무렵 고집과 트집이 유별나게 강해집니다. 이를 잘못된 이탈행동으로 판단하고 만일 엄격하게 억누르는 양육실제를 한다면, 어떤 결과를 초래할까요? 이러한 태도는 열린 머리와 열린 가슴을 가진 어린이가 필히 가져야 할 적극성, 긍정성, 그리고 활동성과 같은 보석의 씨앗을 조기에 싹둑 잘라버리는 셈이 될 것입니다.

셋째, 겉과 속이 다른 가식적이거나 매사에 진솔하지 못한 부모를 들 수 있습니다. 언제나 한결같이 이상적, 모범적인 부모상을 가져야 한다는 강박의식에 사로잡혀 특히 타인이 보는 상황에서 '굿 맘'의 역할을 연출해야 한다고 생각합니다. 자녀의 잘못이나 실수가 용납되지 않는 분위기 속에서 융통성 있는 사고와 따뜻한 정서는 결코 싹틀 수 없습니다. 어린이는 가식이 없거나 진솔한 분위기가 넘치는 상황에서, 희로애락이 넘실거리며, 인정이 넘치는 곳에서 자랄 때 열린 마음과 열린 머리를 가질 수 있습니다.

넷째, 여흥, 오락, 투기, 사행심을 즐기는 부모들을 들 수 있습니다. 한국은 세계에서 가장 노래방이 많은 나라이고 가장 고스톱을 사랑하는 나라인 것 같습니다. 자녀와 함께 할 수 있는 놀이도 별로 없으며, 자녀와 함께 할 수 있는 작업도 거의 없으며, 자녀와 함께 할 수 있는 스포츠도 많지 않고, 자녀와 함께 추억을 만들 수 있는 이벤트도 많지 않은 것 같습니다. 어른들만이 즐기고 소유할 수 있는 어른 특권문화가 너무 많은 것 같습니다. 이런 부모 밑에서 어린이는 어른의 특권을 자신도 누리고 싶어 빨리 어른이 되고자 어른이 하는 것을 맹목적으로 흉내내려 할 것입니다.

다섯째, 지나치게 자녀를 위해 희생하는 부모를 들 수 있습니다. 부모의 권리와 주장보다 자녀의 것들이 앞자리를 차지합니다. 자녀는 이러한 부모의 모습이 고귀하고 순결하며 헌신적이라는 생각하기보다 오히려 심리적 압박감과 중압감을 갖게 됩니다. 자녀 자신의 이상과 포부가 아닌 부모의 바람과 비전을 대신 이루어야겠다는 무의식이 자리를 잡기 때문입니다. 이런 분위기에서는 자녀의 열린 사고와 열린 정서의 씨앗이 부화孵化하지도 싹을 내리지도 않을 것입니다.

여섯째, 무의식중에 자녀를 배척하는 부모를 들 수 있습니다. 자녀의 출생에 대한 물음에 부모들은 예사말로 "다리 밑에서 주워왔다."라고 대답하곤 합니다. 어린 시절 이 대답을 듣고 서운해 하고 고민해보지 않은 자녀가 없었을 것입니다. 부모가 재미로, 농담으로 이런 말을 하였다고 생각하지 않기 때문입니다. 부모의 마음속에 자녀의 비중이 얼마인가, 가족 중에서 자신의 위치가 어디쯤인가가 항상 걱정, 고민, 염려하면서 자라는 것이 자녀들의 마음입니다. 이런 염려에 대한 집착보다 이를 벗어날 때 진정으로 자녀의 열린 사고와 정서를 위한 세상을 만날 수 있는 것입니다.

이상의 여섯 가지 닫힌 부모의 특성들을 자녀와의 관계 속에서, 생활 속에서 하나씩 거두어내는 일이 무엇보다 중요하다고 봅니다. 그 작업이 바로 자녀가 열린 사고와 열린 마음을 갖게 하는 바탕이 되기 때문입니다.

## ✤ 열린 부모의 특성들

지금 세계 각국은 총체적 불황시대에 눈여겨볼 나라로 한국, 중국, 인도를 꼽고 있습니다. 이중에서도 불황을 희망으로 만들고 선진국가로 도약의 기회로 삼을 수 있는 희망의 나라로 한국을 제일 먼저 꼽고 있습니다. 이에 아랑곳하지 않고 한국의 사회지도자들은 그들이 어린 시절 습득한 닫힌 머리와 닫힌 가슴의 정신을 유감없이 세계인에게 보여주고 있습니다. 이것이 우리의 가슴을 슬프게 만들고 우리의 머리를 아프게 만들고 있습니다.

이제 우리 부모들은 더 이상 자녀에게 기성세대의 닫힌 사고와 정서를 물려주어서는 안 된다고 봅니다. 자녀가 열린 가슴과 열린 머리를 가지려면, 부모가 먼저 변화되어야 합니다. 열린 어린이를 만들기 위해 열린 부모가 되기 위해 우리 부모가 해야 할 몇 가지 사항들을 밝혀보고자 합니다.

첫째, 자녀에게 힘을 가진 보스나 두목의 모습보다 민주적 리더의 모습을 보여주어야 합니다. 리더(leader)와 보스(boss)의 차이는 힘이 자신으로부터 나오느냐 구성원으로부터 나오느냐는 것입니다. 구성원을 인격적으로 존중할 때, 더 힘 있는 훌륭한 리더가 되는 것입니다.

둘째, 자녀에게 '힘'을 보여주기보다 '영향력'을 보여주어야 합니다. 영향력은 상호신뢰와 상호존경의 씨앗을 먹고 자라며 항상 서로 상의하고 의논하고 싶은 파트너십 가운데 꽃을 만개합니다. 부모라기보다 큰언니처럼, 선배처럼, 자상한 벗처럼 경계 없이 상의하고 논의하고 싶은 존재가 되어야 합니다.

셋째, 자녀에게 지시하거나 요구하는 모습보다 상의하고 협력하는 모습을 보여주어야 합니다. 부모-자녀의 관계는 상사와 부하의 관계처럼 수직의 관계도 아니며, 이해관계를 주고받는 거래관계는 더욱 아닙니다. 상호간에 무한한 의무와 책임만 있고 권리는 없는 그런 관계입니다. 회사로 치면 무한대의 책임만 갖는 무한주식회사인 셈입니다.

넷째, 자녀에게 칭찬이나 상을 주는 모습보다 승인, 인정, 격려하는 모습을 보여주어야 합니다. 칭찬과 격려의 차이는 칭찬은 행동의 결과에 초점을 맞춘다면, 격려는 사람의 의도와 동기에 초점을 맞춘 것입니다. 칭찬은 결과가 주요기준이 되지만 격려는 과정이 주요기준이 됩니다. 칭찬은 성공에 초점을 맞추지만, 격려는 실패에 그 초점을 맞춥니다. 첫걸음마를 배우는 아이는 바르게 걷기 위해 수백

번, 수천 번의 실패와 실수를 반복합니다. 그 실수와 실패는 자녀의 결점이 아니라 더 나은 성공을 위한 성장의 연속입니다. 그래서 자녀에게 필요한 것은 칭찬과 상이 아니라 격려와 인정입니다.

다섯째, 자녀를 체벌, 질책, 위협, 압력을 가하는 모습이 아니라 항상 인과적으로, 논리적으로 설명하는 모습을 보여주어야 합니다. 늦잠을 자서 아침밥을 주지 않는 것이 아니라, 먼저 아침시간은 7시 30분에서 8시 사이에 제공되므로 누구든 그 시간에 오지 않으면 아침밥을 먹지 못하는 고통을 겪어야함을 설명해야 합니다. 이러한 원칙이나 규칙 없이 "안돼, 못줘!"라고 하면 그것은 위협이요 협박이며 무시처럼 받아들어집니다.

여섯째, 체면이나 위신을 세우려는 모습보다 있는 그대로의 상황이나 모습을 보여주어야 합니다. 시간과 장소, 여건과 상황과 무관하게 자녀에게 항상 일관성 있고 한결같으며, 일상적인 모습을 보여주는 것이 중요합니다. 부모가 자녀를 대하는 행동은 웃어른이 있거나 귀한 손님이 내방하거나 집안에 행사가 있거나에 관계없이 항상 일관성이 있어야 합니다.

일곱째, 자녀에게 거칠고 숨 가쁜 소리보다 부드럽고 자상한 소리를 들려주고, 포근하고 따뜻하게 대해주고, 구수하고 온화한 향기를 느끼도록 해주어야 합니다. 첫아이보다 둘째아이가 열린 사고나 열린 가슴을 가진 경우가 많음을 봅니다. 그것은 부모의 자녀를 대하는 스타일 차이에서 연유된 것입니다. 첫아이를 양육할 때에는 정신적,

심리적 여유가 없기에 매사가 바쁘고 숨 가쁘게 돌아가 자녀를 대하는 태도에도 각박하기만 합니다. 반대로 둘째는 경험이 쌓여 어느 정도의 여유가 묻어나옵니다.

열린 어린이는 열린 머리와 열린 가슴을 가진 아이를 말합니다. 선천적으로 타고난 것이 아니라 열린 부모의 준비된 환경 속에서만 자라날 수 있는 것입니다. 화원의 주인에 따라 가꾸는 화초가 다르기 마련입니다. 장미 화원에서 라일락이 잘 자라기를 기대할 수 없는 이치와 같다고 할 수 있습니다.

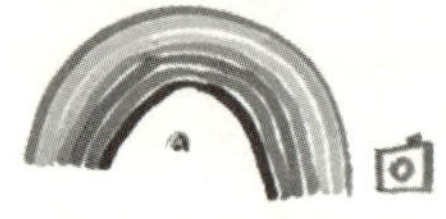



0세부터 글로벌 유전인자를 개발하라

# 4 부

## 선택

# 새로움에 가슴 열기

# '변화', 그 본능을 찾아서 …

영원한 것은 오로지 변화뿐이다.　　　　　　… 헤라클레이토스

부처님 오신 날을 맞아 봉은사 주지 명진 스님을 인터뷰한 기사를 보았습니다. 세속을 해탈한 듯 환하게 웃는 그의 동안童顔에서 우리가 찾아야 할 것이 무엇인가를 생각하게 해주었습니다. 명진 스님은 주지를 맡자마자 세인의 예상을 깨고 1천 일 수행기도에 들어가, 인터뷰 당시 수행의 절반인 5백 일을 넘긴 때였습니다.

봉은사 주지를 취재한 백 기자의 취재 후기가 저의 폐부에 날카로운 화살이 되어 깊숙이 꼽혔습니다. "갇힌 건 그(명진 스님)가 아니라, 산문 밖의 세상인(우리)"라는 것입니다. 명진 스님이 산문 안에 갇혀 세상과 벽을 쌓고 있는 것처럼 보이지만, 실제로 세상과 벽을 쌓고 사는 사람은 세상을 활보하는 우리들이 아닐까하는 생각이 듭니다.

## 고귀한 천박함

저는 언제부터 디자인 경영, 디자인 서비스경영이란 용어에 친숙해지기 시작하였습니다. 1960년대를 풍미한 영국 디자이너 거장인 메리 퀀트(Mary Quant) 여사는 당시의 패션 흐름을 과감히 탈피하여 현대의 미니스커트, 핫팬츠, 광택이 나는 비닐 레인코트, 화장품 가방 등을 유행시킨 장본인입니다. "작은 것이 아름답다(Less is more.)."는 그녀의 창조적 발상은 독창적 신 디자이너 개념을 넘어 다가올 새 시대정신을 암시하는 혜안을 드러낸 것입니다.

메리 퀀트는 어떻게 그렇게 '변화의 방정식'을 간결하게 표현하였을까하고 생각해봅니다. "고상한 것은 죽은 것이다. 살아있는 것은 천박한 것이다."라는 퀀트의 말을 접하는 순간, 저는 뒤통수를 한대 얻어맞은 것처럼 머리가 멍멍해지는 느낌을 가졌습니다.

저는 중국의 2008년도 올림픽의 슬로건인 '더 빨리, 더 높게, 그리고 더 강하게!更快, 更高, 更强'처럼 그러한 삶만을 살아온 것 같아 부끄럽기 짝이 없습니다. 항상 세상의 중앙부에 맴돌면서 우뚝 서기를 갈망하고 살지 않았는가 말입니다. 단 한번도 끝자락, 변방을 생각해보지 못하였고, 그와 같은 생각을 떠올릴 마음의 여유 없이 과속페달만 열심히 밟지나 않았을까 하는 생각이 들기도 합니다.

"태양은 바로 밑에서 보면 눈이 멀고, 멀리서 보아야 바르게 볼 수 있다."는 평범한 진실도 그동안 까마득하게 잊고 살았다는 자괴감이



0세부터 글로벌 유전인자를 개발하라

앞을 가립니다. 태양을 더 잘 보기 위해 가까이 다가가면 갈수록 눈이 먼다는 사실을, 빨리 달리면 달릴수록 사물을 정시正視하는 힘을 상실한다는 사실까지도 잊고 산 것 같습니다.

이유 없는 무덤이 없다는 말처럼 저도 나름대로의 변명과 핑계가 있지만, 그러한 변명이나 핑계가 더 이상 무슨 의미가 있다는 말입니까? 퀀트 여사의 말을 다시 한 번 떠올려봅니다. "고상한 것은 죽은 것이다. 살아있는 것은 천박한 것이다."


## 🍃 아름다운 변화의 강


그동안 철저하게 무시당하였거나 소외당하였던 것들 속에서 무한 경쟁 시대를 열어갈 독창적 묘안을 찾아 성공가도를 달려온 사람들이 있습니다. 이늘 중의 한 사람이 바로 경영전문가도 아닌 디자이너 퀀트 여사였습니다. 그녀의 작품 속에는 '천박함의 가치' 즉 기발함과 독창성이 봇물 터지듯 항상 철철 넘쳐흐르고 있습니다.

현대를 사는 대다수가 그러하듯이 저 역시 그동안 남들이 알아주는 무언가를 해야만 삶의 의미가 있다고 생각하였습니다. 남들이 부러워하는 일이나 역할을 해야만 삶의 보람이 있다고 여긴 셈입니다. 저처럼 건강한 몸뚱이 하나와 괜찮은 머리하나만 달랑 가지고 이 세상에 태어난 사람들은 저와 비슷한 생각으로 세상을 걸어왔다고 생각합니다. 아직도 그 행진을 멈추지 않고 여전히 과속페달을 열심히 밟고 있는 중일 것입니다. 저는 퀀트를 만난 후 아파트 베란다의 선인장에서, 항아리의 민물고기에서 자유로움과 여유로움을 즐길 줄 알게 되었습니다. 감사하는 마음은 밖에서 받는 것이 아니라 스스로 느낄 뿐입니다.

영국의 대문호인 셰익스피어는 "좋은 것과 나쁜 것이란 원래 없다. 다 생각하기 나름이다."라고 말했습니다. 정해진 운명이 아니라 본인의 의지, 생각 여하에 따라 오늘이 맑은 날이 될 수도 있고 흐린 날이 될 수도 있습니다. 변화를 두려워하는 사람들은 인생이란 이미 시작한 한판의 바둑과 같아 이래도 한판, 저래도 한판이라고 말할지도 모릅니다. 특히 자신을 위한 삶이 아닌 남을 위한 삶을 살아왔다고 생각하는 사람들은 변화와 개혁의 주체가 자신이 되어야 한다는 것은 상상도 해본 적이 없을지도 모릅니다.

변화를 잊고 거부하는 사람에게는 변화를 추구하는 사람들이 유별나게 보일지도 모릅니다. 어제도, 오늘도, 내일도 똑같은 태양이 뜬다고 생각하는 사람들에겐 변화와 개혁은 너무나 거추장스러운 사치스러운 일처럼 생각될 것입니다. 그들은 결코 간단한 것, 사소한 것, 보잘것 없는 것, 쓸모가 없는 것 등에는 전혀 관심을 보이지 않을 것입니다. 그런 사람이 가정, 조직, 국가의 지도자가 된다면, 그 집단의 미래와 조직구성원의 장래는 어떻게 될 것인지 짐작이 가고도 남습니다.



0세부터 글로벌 유전인자를 개발하라

지금과 내일의 사회는 과거의 농경사회처럼 이전의 관행이 지배되는 그런 시대가 아닙니다. 내일은 그에 최적한 패러다임(paradigm)에 의해 청사진이 설계되고 실행되어야 합니다. 이는 현대인이 급변한 변화의 소용돌이 속에 살아가야 함을 말해주는 것입니다. 우리가 접하는 핸드폰, TV, 에어컨, PC 등의 진화과정을 보면서, 변화 없는 인간적 삶은 가능하지 않을 것이라는 결론에 이르게 됩니다.

아인슈타인은 "인간의 행동은 95퍼센트가 학습된 습관이다. 이 습관은 스스로 터득한 것이 아니라 학교, 부모, 광고, 인터넷, 영화, 책들 속에서 보고 듣고 읽은 것들이다."라고 했습니다. 이러한 습관이 자아를 지배하는 한 우리는 순수한 나의 '본성'을 발견하기가 자유로울 수 없습니다.

오랜 기간 동안 무의식적으로 익혀온 사고나 행동일수록 어느 날 갑자기 다른 것으로 바꾸기는 더 힘들 것입니다. 스위스 아동심리학자인 삐아제의 재미난 실험 한 도막을 소개하고자 합니다.


생후 4개월 된 영아의 요람에 딸랑이를 매달았습니다. 그리고 영아의 오른손에 실을 묶어 딸랑이와 연결하였습니다. 우연히 영아가 양손을 움직이다가 딸랑이가 흔들리는 소리에 관심을 갖게 되었습니다. 이런 우연한 행동이 반복되면서 왼손의 움직임은 뜸해지고 오른손의 동작은 빈번해지기 시작하였습니다. 영아가 딸랑이를 보는 순간 오른손을 흔들기 시작하는 '딸랑이와 손과의 관계'의 학습을 익히는 데는 약 1,495회 정도의 반복이 선행되었습니다.

이처럼 영아의 단순한 행동도 지속적인 반복과 연습을 통해 습득하는 것입니다. 그러하기에 한번 익힌 행동은 그만큼 변화되기가 어렵다는 것입니다. 그 행동과 대체되는 새 행동을 익히기란 불가능에 가까울 정도로 어렵고 힘들지 모릅니다. 그래서 변화와 개혁이 말은 쉬운데 실천과 실행이 어려운 것입니다.

## 🍃 신세대는 120세까지 산다!

미래학자이며 세계미래학회장인 프랑스의 구보디망(Fabienne Goux-Baudiment) 회장은 2007년 벽두에 다음처럼 다가올 미래를 예측한 바가 있습니다.

지금의 출생세대는 120살까지 살 것이고, 가정은 멀티가족으로 채워질 것이며, 직장 역시 멀티사원, 즉 글로벌사원으로 구성될 것입니다. 지금의 60~80살은 더 이상 노인이 아니며, 앞으로 40~60년을 더 먹고살 새 지식과 기술을 배우고 익혀야 할 평생학습의 시기입니다.



0세부터 글로벌 유전인자를 개발하라

결혼제도도 그렇습니다. 일반인의 경우도 적어도 세 번 정도 결혼을 해야 합니다. 그 이유는 지금사회에 통용되는 결혼제도는 평균수명 55세, 결혼기간 30년 기준에 의해 설계된 제도이기 때문입니다.

미래학자다운 지나친 비약으로 치부하기에는 그러한 변화조짐이 이미 우리 주변에서 감지되고 있다는 것입니다. 젊은이들 사이에는 벌써 '검은 머리가 파뿌리가 되도록 사는 것'이 '미덕의 시대'가 아닌지 오래되었습니다. 운명이니 인연 등을 운운하는 그런 시대에 현대인은 살고 있지 않은 것이 확실합니다. 급변하는 미래시대에 대처하기 위해서는 지금부터 이에 대비한 교육적 준비체제를 서둘러야 할 것입니다. 지구촌 각 국가의 지도자들은 교육개혁을 국가의 개혁지표로 설정하고 이의 조기추구를 서두려는 이유를 알 수 있을 것 같습니다.

구보디망 회장은 현재의 교육제도를 '어항 속의 금붕어 교육'이라고 강하게 비판한 후, 그 대안으로 첫째, 통합교육(complexity), 둘째, 인간성교육(humanity), 그리고 셋째, 창의성교육(creativity) 등을 열거하였습니다. 그리고 학교의 이상적인 교사상으로는 그리스 시대의 최고 지식소유자인 '소피스트(sophist)'와 같은 전문 멘토가 되어야 한다고 주장하였습니다.

다양한 분야에서의 풍부한 전문지식, 실무경험, 임상경험을 골고루 갖추고, 특정분야에서 박사급 수준의 전문지식을 갖추며, 그리고 인성 면에서는 통찰력, 예지력, 이해력, 수용력 등의 균형감각을 갖추어야 한다고 하였습니다. 제가 평소에 강조하여 왔던 산·학·연의 고른 경험, 담당업무의 열정적 추진력, 그리고 미래에 대한 확고한 비전 등을 골고루 갖춘 인재를 육성해야 한다는 것과 같은 맥락입니다.

구보디망 회장이 제시한 교사상은 오늘날의 이야기만은 결코 아닙니다. 프랑스 대혁명시대를 이끈 사상가인 루소도 그의 자서전이자 혁명적 아동교육서인 〈에밀(*Emile*)〉에서 교사는 교과서의 지식만을 가진 아마추어리즘에서 벗어나 산전수전을 모두 다 체험한 프로페셔널리즘을 추구해야 한다고 역설하였습니다.

미국을 대표하는 유아교육학자인 카츠(Katz) 박사도 동일한 견해를 밝힌 바 있습니다. 즉 지금의 전문교원은 '포워드 시스템(forward system-포워드 시스템이란 교사를 희망하는 고교졸업생을 선발하여 특정분야의 교사자격증을 수여하는 시스템을 말하는 것.)' 에 의해 다양해진 학부모나 사회의 요구, 양질의 교육에 대한 이들의 갈증을 해결할 수 없다고 진단하였습니다. 카츠 박사는 그 대안으로 '백워드 시스템(backward system-백워드 시스템이란 가정생활, 직장생활, 사회생활을 하는 과정 중에 특정분야의 교사에 대한 강한 요구와 바람이 있는 자이거나 관련 분야에 풍부한 현장임상 경험을 가진 자 중에서 교원후보생으로 선발하여 체계적인 교수방법의 교육을 통해 교사자격증을 수여하는 시스템.)'으로 전환할 필요가 있다고 하였습니다.


## 🍃 본능의 재발견


변화무쌍한 시대에 살고 있는 우리들의 차별화된 생존 전략이 무엇일까를 고민해 봅니다. 그 답은 바로 대수롭지 않은 것에서 놀랄만한 창의적 아이디어를 찾아내는 능력이라고 봅니다. 퀸트 여사가 지적한 '천박함이나 변두리'에 숨겨진 그 참모습을 찾아내는 일일 것입니다. 이들 속에서 진귀함의 발견이나 독창적인 창조를 얻는 것은 피나는 자기반성과 고민이 있어야 가능한 일입니다. "한 송이의 국화꽃을 피우기 위해 봄부터 소쩍새는 그렇게 울었나보다."라는 서 정주 시인의 글귀가 예사롭게 느껴지지 않습니다.

흔히들 개혁이나 변화는 앞서 가고 있는 사람이나 기업, 국가들의 것들을 벤치마킹하는 것으로 생각하기 쉽습니다. 이를 부정할 수 없으나, 변혁의 주목적이 구성원의 삶의 질 개선이나 발전이기에 내부로부터의 개혁이나 변화의지가 우선되어야 할 것입니다.

외부가 아닌 내부로부터의 변화라면, 그것은 바로 각 구성원의 '본능의 재발견'이 되어야 한다고 봅니다. 이 본능은 무한한 에너지원이기에 성공가도의 어떤 고난, 난관, 장애 등에도 전혀 굴하지 않을 것입니다. 자아 주도적, 주체적 의지에 의해 진행된 변화와 개혁은 성공이라는 충만한 열매를 반드시 안겨줄 것입니다.

　어느 젊은 청년이 무도회에서 아리따운 아가씨에게 춤을 청하였습니다. 처음 춤을 춰보는 청년은 몇 차례 아가씨의 발을 밟았고 전혀 리듬을 맞출 수 없어 허겁지겁 춤을 추었습니다. 아가씨는 아주 불쾌한 표정을 지으며 당신처럼 춤을 못 추는 사람은 이 세상에서 처음 보았다고 쏘아 붙였습니다.

　보통사람이면 이런 모욕에 춤을 포기하였겠지만 이 청년은 결코 포기하지 않았습니다. 오히려 이것이 계기가 되어 평생 춤과 함께 살았으며, 1990년대 죽기 전까지 그는 무용학교도 550개 설립하였고, 11년 동안 TV도 고정출연하여 무용을 수많은 사람들에게 홍보하는 등 이 분야의 세계 최고가 되었습니다.

　자신이 잘 할 수 있는 것도 중요하지만 정말 하고 싶은 것이 무엇인지 그 본능을 찾는 것도 중요합니다. 저는 평생을 교수로 살아왔습니다. 간혹 가까운 사람들과 어울려 술을 마실 때에는 내일 생각을 하지 않고 즐겁게 마시는 편입니다. 그 다음날, 아침에 억지로 눈을 뜨고 강연장까지 가야할 때가 있습니다.

　일단 청중을 보는 순간 몸의 불편은 흔적 없이 사라지고 열강을 합니다. 물론 강연 후 쓰러지지만 말입니다. 어느 청중도 제가 몸이 불편하다는 것을 눈치 채지 못합니다. 주변에서는 강의와 연구가 저의



0세부터 글로벌 유전인자를 개발하라

본능이라고 말하지만 저는 아직도 저의 '본능'이 무엇인지 몰라 그걸 찾아 방황하고 있는 중입니다. 그 본능의 발견만이 변화된 시대에 동참할 수 있는 희망이며, 살아있는 자가 한번쯤 추구해야 할 필생의 과업이라고 생각합니다.

"어제처럼 오늘 그대로 가도 되는가?"라는 고민을 하는 모든 분들에게 당부하고 싶은 것이 있습니다. 그것은 바로 여러분도 저와 함께 '내속의 본능 찾기'에 동참하시어 여러분의 살아있음을 확인할 필요가 있다고 봅니다. 가능하다면 어린이의 본능을 찾아 바르게 안내하고 육성하는 일에도 앞장서자는 것입니다. 왜냐하면 어린이는 우리의 흔적을 진화시킬 우리의 유일한 희망이기 때문입니다.

# 가슴을 치면 머리가 따라온다!

한사람 또는 소수자의 노예가 되지 말라. 만인의 노예가 되라. 그때 너는 만인의 친구가 될 수 있는 것이다.                ... 키케로

## 품격을 높이는 환상의 배려

제가 아는 유치원 주임교사는 아직도 바깥세상과 담을 높이 쌓고 생활하고 있습니다. 그 교사는 원의 유아수가 줄면서 원장의 외출이 잦다고 볼멘소리를 합니다. 저는 이 주임교사에게 유치원에 8년 근무하였다고 하였는데 자신의 힘으로 직접 원아모집을 몇 명이나 해봤냐고 물었습니다. 그녀는 원아모집과 자신이 무슨 관련이 있느냐 하는 의아한 표정을 지어보였습니다. 저는 그 교사에게, 유아가 없는데 원이 필요한지, 유아가 없는데 교사가 필요한지 넌지시 물었습니다.

얼마간 시간이 흐른 후, 그 주임교사는 저에게 말했습니다. ‘유아와 학부모의 눈높이’에 맞추어 보니 비로소 출장이 잦은 원장님의 마음을 이해할 수 있을 것 같다고 했습니다.

고객은 왕입니다. 아니 제왕입니다. 상품을 만들어 파는 사람은 고객의 니즈(needs, 욕구)를 모르면, 그 상품을 내다 팔 수 없습니다. 교사는 유아의 니즈를 모르면, 유아에게 필요한 교육적 자극을 제공할 수 없습니다. 학력, 자격, 실력, 경력 등과 같은 전문성만 갖추면, 최고의 교사가 될 수 있다고 생각하는 유아교사들이 많은 것 같습니다. 참 안타깝습니다. 유아교사는 아직도 세상과 등진 상아탑 속에 갇혀 살고 있다니 말입니다.

과거에는 상품의 품질이 최고이면 경쟁력도 최고라고 자랑하던 시절도 있었습니다. 지금은 결코 아닙니다. 애프터서비스가 최고이어야 그 제품이 최고가 되는 그런 시대가 되었습니다. 고객의 마음을 읽지 못하고 만든 제품, 고객의 기호나 선호를 무시하고 만든 제품, 고객의 특성을 파악하지 못하고 만든 제품, 이러한 제품은 시장에서 금방 도태되어 가고 있는 것입니다. 고객이 제품을 보호하고 사랑하는 그런 시대에 우리가 살고 있는 것입니다.

유치원이나 학교도 예외가 아닙니다. 왜 지금의 공교육기관이 학부모의 사랑으로부터 자꾸만 멀어져가고 있는가를 생각해봐야 합니다. 유치원이 유아의 마음에, 학부모의 마음에 부합하는 교육과정을 제공하려는 노력이 부족해서 일어나는 일이라고 봅니다. 예를 들면,

매장에 들어선 젊은 고객이 샤넬이나 크리스찬 디올과 같은 명품백을 들고 있다면, 그 고객은 분명 '된장녀' 아니면 ' 귀족녀' 일테고, 최고만을 추구하는 명품족이란 짐작이 가능합니다. 그 고객에게 어떤 상품을 안내하는 것이 좋을지 금방 답이 나옵니다.

또한 영업사원이 고객의 지갑 속에 가족사진이 있는 것을 우연히 발견한다고 합시다. 그 영업사원은 고객이 가족애가 많다고 생각하고 가족의 생일을 기억하여 카드 한 장을 보낸다면, 그 고객은 작은 카드 한 장의 성의에 감동하여 상품구매를 위해 지갑을 열게 될 것입니다.

칸 영화제에서 〈밀양(Secret Sunshine)〉으로 여우주연상을 수상한 배우 전도연을 기억하실 겁니다. 여러분은 누가 배우 전도연을 세계 최고가 되게 하였다고 생각하는지요? 물론 배우의 명연기가 기본이 되었겠지만 저는 배우의 연기보다 이창동 감독이 있었기에 가능하였다고 생각합니다. 배우의 연기력만 있다고 되는 것은 아니라 감독의 뛰어난 고객감동 전략의 결과라고 말할 수 있는 것입니다.

감독이 다방면의 전문성을 갖추어야 세계 수준의 연기력과 작품성을 창안해 낼 수 있으며, 감독의 고객배려를 위한 세심한 전문성 준비 즉, 시나리오, 연기력, 제작기술, 촬영기술, 예술작품성, 마케팅 기법, 방송관련법, 영화사와 제작사와의 협상력, 자금동원 능력, 매스미디어 홍보력, 공급사 선정능력 등이 있었기에 가능한 것이었습니다.



0세부터 글로벌 유전인자를 개발하라

# 기러기 아빠와 줌마델라

지금의 2030세대들은 독특한 특성과 개성을 가지고 있습니다. 전문가들은 이들을 X세대라고 부릅니다. X세대란 얼짱, 몸짱 등과 같은 '짱 세대'로서 주로 27~37세 사이에 있는 사람들입니다.

그들의 공통적인 특징을 살펴보면, 첫째, 자기중심적인 사고를 합니다. 둘째, 결혼은 충분조건일 뿐 필수조건이 아니라고 생각합니다. 셋째, 배우자의 경제력을 우선시합니다. 넷째, "악마는 프라다를 입는다."는 말처럼 명품을 지향합니다. 다섯째, 해외여행을 즐겨합니다. X세대들은 학벌도 좋고, 자기주장도 강하고, 사회참여에 적극적이며, 명분과 실리 모두를 추구하는 아주 영리하고 똑똑한 세대입니

다.

이 세대의 니즈들은 '줌마델라'와 '기러기 아빠'란 신조어에 잘 나타나 있습니다. 줌마델라란 '아줌마+신데렐라'의 줄임말로서 가정살림 일등, 자녀교육 일등, 그리고 몸관리 일등을 동시에 추구하는 사람입니다. 기러기 아빠란 자녀와 아내를 조기해외유학을 보내고, 자식의 교육을 위해 자신을 희생하는 사람을 말합니다.

2030 X세대의 대표적 가족형태를 듀크족(DEWK, dual employed with kids의 머리글자)이라 부르며, 부부가 맞벌이를 하면서 자녀양육을 하는 가족을 뜻합니다. 그들은 자녀에 대한 무한 투자를 원칙으로 하고 있습니다. 또한 이들을 로하스(LOHAS; life of health and sustainability)족이라 부릅니다. 로하스족은 '웰빙족+환경친화'의 특성을 갖는 생활양식을 추구합니다. 웰빙족은 유기농식사, 요가, 스파, 등산, 골프 등과 같이 신체적, 정신적 건강을 추구하며, 환경보호와 자연생태를 보존하는 삶을 추구합니다.

한국의 아파트 브랜드 중 선두주자인 '푸르지오' 브랜드가 바로 로하스족의 트렌드를 반영하여 아파트 단지 내에 친환경 생태공원을 조성하여 인기를 모으고 있습니다. 이는 바로 이 세대의 니즈를 반영한 영업전략의 산물입니다. 만일 이 세대가 갖는 니즈들을 정확하게 읽지 못하면, 그 누구도 이들의 마음을 얻지 못하게 될 것입니다. 마음을 얻지 못한 채 이루어지는 교육, 서비스, 마케팅은 의미가 없습니다.

## 💧 "가슴을 치면 머리가 따라온다"

영화 〈록키〉 시리즈 기억나시죠. 저는 권투선수 김덕구의 사망사건 후 운동 종목 중 권투는 별로 좋아하지 않습니다. 그래도 〈록키〉 시리즈만은 무척 좋아했습니다. 실화를 다룬 영화라는 것도 이유겠지만, 전설의 권투선수 록키가 남긴 "가슴을 치면 머리가 따라온다."는 말 때문입니다. 저는 록키의 이 말을 너무 좋아합니다. 상대방을 KO시키기 위해 머리만을 노리면, KO의 기회는 결코 오지 않는다는 것입니다.

교육이나 경영의 측면에서 볼 때, 고객의 가슴을 얻으면 머리까지 얻을 수 있다는 추론을 쉽게 찾을 수 있습니다. 고객을 감동시키고, 충성고객을 확보하기 위해서는 제일 먼저 고객의 가슴을 얻어야 합니다.

고객의 가슴은 어떻게 얻을 수 있나요? 그것은 바로 숨겨진 고객의 본능, 충동, 욕구, 동인 등을 찾아내어 이들을 자극하는 것입니다. 〈핫 버튼 마케팅(*Hot Button Marketing*)〉의 저자인 베리 페이그(Barry Feig)는 깊숙이 숨겨진 고객의 본능을 '핫 버튼'으로 표현했습니다. 저는 이 핫 버튼을 부모들이나 고객들이 갖고 있는 아홉 가지 콤플렉스(예: 일류콤플렉스, 비교콤플렉스 등)에 비유하곤 합니다. 유아교사든 영업사원이든 학부모나 고객의 핫버튼이나 콤플렉스를 바르게 읽을 수만 있다면, 그들의 가슴을 감동시킬 수 있고 그들을 평생고객으로 만들 수 있을 것입니다.

기업의 상담원들은 직접적으로 상소리 하는 고객을 상대할 때, 겉으로는 웃지만 속으로는 피눈물을 흘린다고 합니다. 상담원들은 이를 '감정노동' 이라 부르며, 입사 후 3개월이 되면 "내가 왜 이러고 있지?", 6개월이 되면 "따뜻한 내 밥 먹고 왜 이토록 고객에게 욕을 얻어먹고 살아야지?", 그리고 9개월이 되면 "기본급이 더 높은 다른 회사로 옮겨야지?"한다고 합니다.

이것이 바로 기업의 상담원 사이에서 통하는 369게임의 참의미라고 합니다. 기업의 브랜드나 제품 때문에 기업의 매출이 증가하는 것이 아니라, 상담원의 피나는 '감정노동' 덕분에 기업의 매출은 지속적으로 성장하게 되는 것입니다.

고객을 감동시키는 두 가지 전략들을 소개하고자 합니다. 그 하나는 스타벅스 슐츠 회장의 고객감동 전략입니다. 슐츠 회장의 고객감동 전략의 기본은 매장 점원의 태도가 5퍼센트만 바꾸어도 기업 전체의 매출은 연간 1.3퍼센트 증가한다는 사실입니다. 유치원에 비유하면, 유아교사가 태도를 5퍼센트만 바뀌어도 원아모집이 1.3퍼센트 증가하게 되는 셈입니다.


① 고객들을 가족처럼 접대하라. 그러면 그들도 모든 것을 충성스럽게 여러분에게 되돌려줄 것이다.

② 항상 고객 곁에 있어라. 그러면 그들도 여러분의 곁에 있게 될



0세부터 글로벌 유전인자를 개발하라

것이다.

③ 스스로 멘토가 되든지, 아니면 유능한 멘토를 고용하라. 그러면 그들은 여러분에게 항상 감사할 것이고 고마움과 신세를 지고 있다는 생각을 갖게 될 것이다.

④ '예'라고 항상 고객에게 즉각적으로 대답하라. 그러면 '노' 할 것이라고 예상한 고객의 마음까지 여러분에게로 활짝 향하게 할 것이다.

다른 하나는 김영모 빵집 사장의 고객감동 전략입니다. 저는 서초구를 생각하면 곧바로 서울 강남의 최고빵 브랜드의 주인공인 김영모 사장이 떠오릅니다. 그는 고교 중퇴 후 17살에 경북의 한 빵집에서 일하면서 세상에서 가장 맛있는 빵을 만들겠다는 목표를 위해 피, 땀, 그리고 눈물을 흘렸습니다.

언센가 직원이 크리스미스 케이크를 잘못 보관하여 냄새가 나자 무려 4백 상자를 버렸고, 재료비를 아끼지 않고 최고의 맛을 내는 빵을 만들려고 하였습니다. 매년 외국연수를 다녀왔고, 좋은 아이스크림 기계를 구입하기 위해 아파트 3채 값에 해당하는 돈을 지출하기도 하였습니다.

그의 이와 같은 정성이 천지를 감동시켜 드디어 까다롭기로 유명한 강남서초인의 입맛을 사로잡는데 성공하게 된 것입니다. 성공 후, 여러 곳에서 프랜차이즈점 제안이 들어왔지만 그는 단호히 거절하였습니다. 그 이유는 맛의 품질을 보증할 수 없다는 것이었고, 돈벌이보다 고객의 맛을 더 우선해야 한다는 고객만족 경영을 실천하기 위해서입니다.

위 두 사례를 보면서 이 시대는 고객을 첫사랑 대하듯 하지 않으면 고객의 가슴도 머리도 결코 얻을 수가 없다는 생각을 합니다. 우리가 고객을 건성으로, 수단으로, 대강으로 대하면, 고객으로부터 진정한 마음을 결코 얻어낼 수는 없을 것입니다. 고객감동 전략이란 바로 고객에게 '첫 사랑'을 하는 마음과 자세로 대하는 것을 말합니다. 첫 사랑은 무엇이든지 상대방에게 도움이 되는 것을 주고 싶어 가슴이 뜨거워지지 않습니까? 연인처럼 고객을 대하는 것이 바로 고객만족, 고객감동 전략이라고 생각합니다.

나의 이익보다 상대방의 이익, 나의 니즈보다 상대방의 니즈, 나의 만족보다 상대방의 만족, 나의 편안함보다 상대방의 편안함을 추구하는 것입니다. 바로 여기에 고객감동이 싹트기 시작하는 것입니다. 감동받은 고객은 충성고객으로 우리의 제품이나 수업을 지키는 지킴이가 되어줄 것입니다. 이제 고객과 기업, 학교와 학부모 이들의 사이가 상생관계로 시작되어야 하겠습니다. 세계일류가 되기 위해서 말입니다.

# '로얄 고객' 만들기

나는 인간의 모든 행동을 비웃지도 슬퍼하지도 미워하지도 않고
다만 이해하려고 노력했다.                          ... 스피노자


## 맞춤 보조 철학

경영의 달인인 엘머 휠러가 만난 거지에 관한 일화입니다. 엘머 휠
러는 〈부자가 되려면 판매의 기술부터 배워라〉의 저자로 우리에게
잘 알려진 인물입니다.

나는 어느 날 기업 강연을 준비하기 위해 골똘하게 생각하
면서 거리를 거닐고 있었습니다. 그때 나의 옆으로 어느 거지
한사람이 다가오는 것이 보였습니다. 으레 동전을 구걸하겠지

라고 생각하고 강연주제 생각에 몰입하면서 걸었습니다. 그러나 거지는 나에게 방해가 되지 않게 보조를 맞추며 걷고 있는 것이었습니다. 내가 멈추자 그도 멈추었습니다. 그는 조심스럽게 나에게 동전을 요구하였습니다. 나는 자동적으로 호주머니에 손을 넣고 그에게 동전을 건네주었습니다. 그러자 그 거지는 그의 길로 사라졌습니다. 그는 나의 길을 막지도, 방해하지도 않았습니다. 이 거지는 나와 보조를 맞추었습니다.

그런데 며칠 전 꼭 같은 상황에서 만난 거지는 이와는 전혀 판이하였습니다. 그는 나와 보조를 맞추어 걷는 것이 아니라 나에게로 향해 다가왔고, 나는 그가 다가온다는 생각에 사로잡혀 강연 생각이 뚝 끊어졌고, 그만 그와 부딪치고 말았습니다. 그 순간 나는 그에게 동전이 하나도 없다고 투덜거렸고, 그 거지는 있는 사람들이 가난한 사람을 도우려하지 않는다고 불평을 하였습니다. 나는 그 거지가 다시 동전을 재촉하기 전에 길을 서둘러 걸어갔고, 그 거지는 더 이상 나를 따라오지 않았습니다.


휠러는 우리에게 무엇을 말하려고 하는 것일까요? 고객을 이해하고 사랑하는(고객과 보조를 맞추는) 거지는 그의 목적을 달성하지만, 그러하지 않는 거지는 그의 목적을 달성하는 데 실패한다는 것입니다. 교육 분야이든 경영 분야이든 이치는 같다고 봅니다. 고객을 무



0세부터 글로벌 유전인자를 개발하라

시하거나, 고객 위에 군림하거나, 고객에게 손해를 주거나, 고객의 마음을 상하게 하는 경우, 고객을 나에게로 향하게 할 수 없고, 고객을 내가 원하는 방향으로 변화시킬 수도 없으며, 더욱더 고객을 내가 원하는 구매로 이끌 수 없습니다.

흔히 교사들은 어린이의 이름만 알아도, 어린이의 혈액형만 알아도, 거주형태만 알아도, 가족 수만 알아도 그 어린이가 원하는 필요한 놀이와 활동을 금방 제공할 수 있다고 합니다. 보석상끼리 통하는 말이 있습니다. 고객 배우자의 생일 날짜만 알아도, 원하는 보석을 언제든지 고객에게 기분 좋게 구매하게 만들 수 있다고 합니다. 각 생일 월의 상징과 그 상징을 나타내는 보석이 있기 때문입니다.

지금의 시대는 충성고객, 즉 로얄 고객(royal customer) 없이는 어떤 기업도 생존할 수 없고 일류가 되는 것은 꿈도 꿀 수 없습니다. 고객이란 현재 서비스에 만족해서 평생고객이 되어 그 자리에 머물러 주는 사람이 아니라 항상 더 좋은 제품, 더 유익한 정보, 더 만족스러운 서비스를 제공해 줄 곳을 찾는 사람입니다.

충성고객이란 회사를 사랑하고, 회사의 번창을 기원하는 고객을 말합니다. 이른 고객은 저절로 만들어지는 것이 아닙니다. 회사나 기업이 제일 먼저 고객의 이익, 고객의 안전과 건강, 고객의 사랑과 행복을 생각할 때 가능한 것입니다.

대부분의 학교나 기업들이 수요자 중심의 경영을 하겠다고 하지만, 고객의 입장에서 보면 사정이 전혀 다릅니다. 어느 외국 컨설팅

회사가 조사한 바에 의하면, 조사대상 기업 362개 중 95퍼센트가 고객 지향적 전략을 채택한다고 응답하였지만, 그 고객들은 오직 8퍼센트만이 고객 지향적이라고 응답하였습니다.


## 🍃 로얄 고객 찬가

현대의 모든 기업은 충성고객 만들기에 사운을 걸고 있습니다. 이를 위해 기업에서는 '물 나쁜 고객'과 '물 좋은 고객'을 구분하기 시작하였습니다. 기업들은 "모든 인간은 평등하지만, 모든 고객은 평등하지 않다."고 생각하는 것 같습니다. 단순히 고객서비스의 만족차원을 넘어, 회사의 이익을 창출하는데 보탬이 되는 고객을 찾는데 혈안이 되어 있습니다. 충성고객 만들기에 돌입한 예들은 우리주변에서도 쉽게 볼 수 있습니다. 대학(예, 기여 입학제도), 백화점(예, 신세계백화점의 재즈밴드), 홈쇼핑업체(예, 유명연예인), 은행(예, 골프회원권), 호텔(예, 프레지던트룸, 가든파티장 제공) 등입니다.

이제 기업은 "모든 여자를 사랑하는 사람은 한 여자도 제대로 사랑할 수 없다."라는 철학을 실천하듯이 전체 고객 중 우수고객 상위 20퍼센트에 초점을 맞추는 로얄고객 확보전략을 가동하고 있습니다. 로얄고객 만들기의 사례를 소개하면. 그 하나는 리츠칼튼 호텔의 예이고, 다른 하나는 우체부 프레드 씨에 관한 이야기입니다.

첫째, 리츠칼튼 호텔의 청소담당인 '아주렐라'의 이야기입니다. 그녀의 메모장에는 타월을 많이 쓰는 고객, 객실비품의 위치를 바꿔주기를 원하는 고객, 선호하는 방청소 시간대별 고객명단, 특정 신문이나 잡지를 원하는 고객, 많이 마시는 음료수 목록 등 그녀가 그동안 호텔에서 모셨던 손님들의 특성과 습관들이 빼곡하게 기재되어 있습니다. '아주렐라'란 여직원의 이와 같은 고객사랑 덕택에 기적과 같은 99퍼센트의 재방문 실적을 낳게 된 것입니다.

둘째는 평범한 우체부 프레드 씨의 이야기입니다. 그는 고객의 개인 우체통에 우편물이 수북이 쌓이는 것은 바로 도둑을 부르는 신호라고 생각하였습니다. 그래서 그는 장기간 집을 비우는 고객의 우편물을 대신 맡아주는 일을 실천하였습니다. 택배회사가 잘못 처리된 택배물도 그가 대신 맡아서 적절하게 보관합니다. 소비자의 부탁을 받은 적은 없습니다. 그는 고객의 우편물을 신속하고 정확하게 배달하는 본연의 업무를 넘어 그 고객의 안전과 재산보호까지도 염려하는 고객사랑을 몸소 실천한 것입니다.

신종 심부름센터, 택배회사, 인터넷 배송 등에 우체국의 업무가 빼앗겨 규모나 역할이 축소해가는 다른 지역의 우체국과 달리, 프래드가 있는 이 우체국은 예전보다 더 많은 고객의 사랑을 받고 있습니다.

## 🍃 감동의 시너지 효과

더 이상 제품이나 상품을 강매하는 시대는 아닙니다. 그렇다고 구매설득이 통하는 시대도 아닙니다. 타사의 제품을 깎아내려 자사의 제품의 경쟁력을 높이는 그런 시대는 더욱 아닙니다. 오히려 제품을 선택, 구매하는 고객을 영웅으로 만들어주는 그런 시대인 것입니다.

흥미로운 연구결과가 있습니다. 영국의 과학진보협회가 주관한 학술세미나에서 심리학자 리처드 로빈슨(Robinson)이 제시한 사랑의 과학적 원리입니다. "이성을 유혹하려면, 롤러코스터를 함께 타라!"는 것입니다. 롤러코스트를 타면 뇌에서 페닐에틸아민(애정의 감정을 가질 때 나오는 호르몬)이 듬뿍 나온다는 사실에 기반을 둔 것입니다.

벨기에의 루벵대학 연구팀은 섹시한 여성의 사진이나 그림을 가게에 걸어두면 남성고객들의 지갑을 열게 하는데 도움이 된다고 하였습니다. 남성이 성적충동을 느끼면 남성호르몬 데스토스테론이란 호르몬이 나온다는 사실에 근거한 것입니다.

충성고객 만들기는 고객의 소리 즉 VOC(voice of customer의 첫머리글자)를 제대로 듣는 것과 직접 관련이 높습니다. 2008년도 고객서비스 최고기업을 조사한 한국능률협회 컨설팅전문가들의 지적에서 엿볼 수 있습니다. 우선 고객의 소리를 효과적으로 관리하는 기업, 고격접점에서 차별화된 서비스를 제공하는 기업들이 고객의 사랑을 받고 있다는 것입니다. 고객의 소리에 귀 기울임을 넘어 고객을 가족으로 모시고 기업경영에 참여하는 방안까지 적극 검토해야 로얄 고객이 만들어지는 것입니다.

로얄 고객 만들기에 어떤 비방이 있을까요? 사람에 따라, 기업에 따라, 조직에 따라 다양한 전술들이 있습니다. 만병통치약처럼 통하는 절대적인 전술은 없지만 CEO나 판매사원들의 체험들에서 우리는 몇 가지 공통적인 요소들을 찾을 수 있습니다.

그 하나는 바로 '친밀감' 요소입니다.
그 하나는 바로 '파트너십' 요소입니다.
그 하나는 바로 '품질' 요소입니다.
그 하나는 바로 '몰입' 요소입니다.
그 하나는 바로 '자아관여' 요소입니다.

전옥표의 〈이기는 습관〉에 소개된 일화 중에서 '몰입'과 '자아관여'에 대해 소개하고자 합니다.

노드스트롬 백화점에서 한 여성 손님이 주름 잡힌 포도주색 바지를 몹시 구입하고 싶어 하였습니다. 그러나 할인 판매기간 중이어서 그 손님이 찾는 제품은 이미 품절된 상태였습니다. 판매직원은 시애틀에 있는 자사의 모든 지점에 수소문하여 보았지만, 역시 찾을 수가 없었습니다. 그러다가 길 건너편

경쟁 백화점에 그 바지가 있다는 정보를 입수하게 되었습니다. 영업직원은 매장관리자에게 돈을 얻어 경쟁 백화점으로 갔습니다. 그리고 정가를 고스란히 지급하고 손님이 찾던 바지를 구입해 자기매장으로 가져와 할인가격으로 고객에게 되팔았습니다.(전옥표, 2007, p.216)

물론 이 거래에서는 노드스트롬 백화점은 손해를 보았습니다. 하지만, 이러한 손해는 미래를 위한 투자인 것입니다. 이 고객은 고마운 마음을 잊지 않고 다음에 제품을 구입할 일이 생기면 반드시 노드스트롬을 찾을 것이기 때문입니다. 위의 예는 고객의 고민을 나의 고민처럼 여긴 영업사원의 철두철미한 자아관여와 몰입자세의 가치를 일러주는 것입니다. 그러기에 작은 손실, 손해는 근본적인 문제가 되지 않습니다.

고객의 고민을 건성으로 넘겨버리거나 납득할 만한 핑계를 둘러대어 회피할 수도 있지만, 이 노드스트롬 백화점 종업원들은 적극적으로 고객의 문제에 몰입하여 자기 일처럼 처리하는 열정을 보인 것입니다. 이에 고객은 감동을 하게 되고, 이 감동이 다시 충성구매고객으로 화답하게 되는 것입니다.

변호사이자 서울 서초구 초선 국회의원인 고승덕 씨의 다음 말에 공감이 갑니다.

> 세상은 절대적으로 잘하는 사람을 원하지도 필요하지도 않습니다. 그냥 남보다 조그만 더 잘하면 됩니다. 그런데 다른 사람들보다 잘하고 있는지 아닌지를 어떻게 판단하느냐고요? 그것은 남보다 좀 더하는 것입니다. 인간은 다 거기서 거기입니다. 내가 하고 싶은 만큼만 하고 거기서 멈추면, 남들도 그 선에서 멈춥니다. 그러므로 남들보다 약간의 괴로움이 추가되었을 때라야 비로소 노력이라는 것을 했다고 할 수 있는 것입니다.

저는 평소에 천재와 바보는 원래부터 정해져 있는 것은 아니라고 말해왔습니다. 남보다 10분 더 일하고, 1미터 더 달리며, 1시간 덜 자면 천재가 될 수 있습니다. 저는 얼마 전까지만 해도, 명절, 연휴, 방학 때 쉬지 않고 연구실에 나가서 수위의 눈총을 받았습니다. 욕을 많이 얻어먹으면, 천재가 된다고 생각한 적도 있었습니다.

제가 박사학위를, 교수승진을, 학술저서를, 논문을, 강연을, 연구수주를, 산학연계를, 제자교수양성을 남보다 더 잘 할 수 있었다면,

그것은 남이 쉴 때에 쉬지 않고, 잠들 때 자지 않고, 쉽게 생각할 때 한 번 더 고민한 것에 있었습니다.

2000년도 국민일보 '모퉁이 돌'에 소개된 일화입니다.

한 청년이 부모에게 물려받은 전 재산으로 금광을 샀습니다. 열심히 파기만 한다면, 노다지를 캘 수 있을 것이라는 믿음을 갖고 청년은 모든 열정과 지혜를 동원하여 땅을 팠습니다. 그러나 몇 년이 지나도록 금맥은커녕 금의 흔적조차 찾아볼 수 없었습니다. 파산위기에 몰린 청년은 광산을 헐값으로 팔아 넘겼습니다.

금광을 팔고 채 1년도 지나지 않아서 그 청년은 기막힌 소식을 들었습니다. 광산을 인수한 새 주인이 땅을 한 치 정도 더 파고 들어갔을 때 기다렸다는 듯이 금맥이 그 위용을 드러냈다는 것입니다. 청년은 화가 치밀어 오르고, 자신에게 이런 운명을 안겨준 하늘이 원망스러웠습니다. 밤마다 금덩어리가 눈앞에 아른거리는 악몽에 시달렸고, 매일 매순간 "그 광산만 팔지 않았어도 …"라는 한탄만 이어졌습니다. 아무 일도 손에 잡히지 않았습니다.

그러나 청년은 곧 마음을 고쳐먹었습니다. "그래, 하늘은 나에게 이 교훈을 가르쳐주려한 거야, 어떤 일이든 한 치만 더 파고들자. 죽을 때까지 이 교훈을 잊지 말자" 청년은 이 신념



0세부터 글로벌 유전인자를 개발하라

을 마음에 품고 보험판매원이 되었습니다. 고객들을 끈질기게 설득해 불가능하게만 보이던 계약을 하나둘씩 성사시켜나갔습니다. '한 치만 더'라는 신념으로 일한 결과 그는 1년 만에 판매왕의 자리에 올랐습니다.

청년은 실패를 교훈삼아 성공의 지혜를 얻은 것입니다. 정말 멋진 반전이요, 아름다운 재기라 여겨집니다. 여러분이 '한 치만 더' 고객을 생각한다면, 고객은 반드시 여러분에게 로얄 고객으로 화답할 것이고, 끝까지 여러분의 지킴이가 될 것입니다.

# '컨버전스 교육' 이란?

모든 직원이 비전을 공유하기 전까지는 초우량 기업이 될 수 없다.
... 스미스

## 섞임의 미학

오리지널을 추구하는 시대, 정통을 추구하는 시대의 끝이 보입니다. 학문분야에서도 고유영역이 사라지고 있습니다. 문학과 과학의 접목, 예술과 의학의 접목, 경영과 종교의 접목 등 끝없는 종횡연합이 진행되고 있습니다. 이런 현상을 통섭統攝(consilience)이라 부릅니다. 통섭은 1998년 하버드대학교 에드워드 윌슨(Edward Osborne Wilson) 교수가 〈통섭 : 지식의 대통합〉이란 저서를 세상에 내놓으면서 알려졌습니다. 통섭이란 '인문학과 자연과학의 통합처럼, 학문 간의 통합'을 말합니다.

통섭은 통합과 융합이란 용어와 유사하지만, 의미에 차이가 있습니다. 통합이 물리적인 합침이고, 융합이 화학적인 합침이라면, 통섭은 생물학적인 합침, 즉 재탄생을 뜻합니다. 단순한 합침을 넘어 '진화된 생태학'의 탄생이라고 합니다.

최근 주변에는 통섭문화가 점차 확산되고 있는 것 같습니다. 예를 들면, 퓨전 레스토랑, 하이브리드 자동차, 컨버전스 제품 등을 들 수 있습니다. 통섭에는 '섞임의 미학'이 있습니다. 전주비빔밥, 청진동 국밥, 목우촌 불고기 등이 음식문화의 통섭의 예가 아닐까요?

유아교육 분야와 대학교육 분야는 처음부터 통섭의 원칙에 의해 교육프로그램을 운영하여 왔습니다. 초·중·고교가 교과영역에 의해 수업이 진행된다면, 유치원은 교과를 넘어 5개 생활영역이 '통합주제'를 중심으로 수업하여 왔습니다.

대표적인 통섭 유아교구로는 가베 교구와 몬테소리 교구를 들 수 있고, 교재로는 논술 및 창의성프로그램을 들 수 있습니다. 이들은 여러 발달영역을 넘어 통섭의 내용들을 담고 있습니다. 사실 대부분의 유아교구·교재들은 한결같이 통합주제, 활동주제, 프로젝트주제, 흥미주제들을 중심으로 교육내용과 방법들이 통섭적으로 조직되어 있습니다.

최신 트렌드인 통섭원리를 철저하게 반영한 형태가 유아교육 분야에서는 '컨버전스 교육'입니다. 그동안 유아교육 분야에서는 교구 따로, 유아 따로, 교사 따로 수업이 이루어져 교육성과가 반감되는 경우가 많았습니다. 교구, 유아, 교사가 함께 통섭하여 수업이 이루어진다면, 수요자의 요구에 부합하는 맞춤 유아교육이나 보육의 실행이 원활하게 이루어지게 될 것입니다. 사실 통섭 유아교육과정 운영을 위한 유아전문가 양성이 시급히 해결해야 할 과제라고 생각합니다.

## ☘ "어린이는 Scholar입니다"

컨버전스 교육은 다원화 · 다문화 교육이 가능하며, 유아기에 글로벌 유전인자의 배양을 용이하게 합니다. 컨버전스 교육의 중심에는 '어린이'가 있고, 어린이를 위한 교육, 어린이에 의한 교육, 어린이의 교육이 이루어집니다. 루소는 그의 저서 〈에밀〉에서 오늘날 사회가 요구하는 컨버전스 교육의 방향을 이미 예견하였습니다. 그는 현대적 아동관과 교육관을 정립한 계몽학파의 선두주자이었고, 최근 들어 각국이 추구하는 교육이념이 되고 있는 개성존중 교육, 개성계발 교육, 자연주의 교육의 창시자이기도 합니다.

루소는 어린이를 'Scholar(학자)', 교사를 'Professor(교수, 전문 멘토)'라고 명명하였습니다. Professor란 한 분야의 전문가로서 최고의 실력을 갖춘 사람입니다. Professor는 학생에게 정답을 가르치지 않

고, 학생과 함께 생각하고, 궁리하고, 연구하는 개방적 자세를 취합
니다.

진리란 정해져 있는 것이 아니라 생명처럼 생성, 진화한다고 보기
때문입니다. 더 고귀한, 더 아름다운, 더 자유로운 진리와 가치는 추
구하는 자에 의해 창조되어져야 하는 것입니다. 또한 루소는 어린이
의 내부에는 이미 Scholar의 속성이 잠재해 있다고 보았습니다. 어린
이의 호기심, 탐색, 탐구, 몰입, 참여, 질문, 의문, 부정, 실험, 관찰,
확인 등이 Scholar의 특성입니다.

저는 어린이를 '생각주머니가 달린 럭비공' 이라 말하곤 합니다. 그
누구도 럭비공이 어느 방향으로 튈지 예측할 수 없기 때문에 어린이

들을 바르게 알기 위해 그들에게 집중해야 한다는 뜻입니다. 그래서 어린이는 정해진 결과나 과정만을 고수하는 것을 지양하고 개방적, 미래지향적인 사고틀로 어린이를 안내할 수 있는 나침반과 같은 전문 멘토가 필요합니다.

## 🍃 새 교육 패러다임

저의 제자 대학원생들과 함께 '한국전통 유아교구 개발연구'를 위해 전라도 답사를 떠나던 중 잠시 충북 옥천을 경유하다가 옥천고등학교 교정을 들린 적이 있었습니다. 그 교정에 제가 좋아하는 사뮤엘 스마일스(Samuel Smiles)의 글귀를 보고 무척 반가워했던 기억이 있습니다.

생각이 바뀌면, 행동이 바뀌고
행동이 바뀌면, 습관이 바뀌고
습관이 바뀌면, 인격이 바뀌고
인격이 바뀌면, 국운이 바뀐다.

그때부터 저의 머리를 억누른 과제가 하나 있습니다. 21세기는 20세기의 인간상으로 불가능하며, 21세기를 위한 새로운 교육 패러다



0세부터 글로벌 유전인자를 개발하라

임을 설계해야 한다고 말입니다. 무엇보다도 생애의 기초를 형성하는 유아기부터 21세기 인간상의 바탕을 구축해야 한다고 생각합니다. 한걸음 더 나아가 새로운 교육 패러다임을 갖추기 위한 몇 가지 명제를 떠올려 봅니다.

첫째, 다양성의 시대, 개성의 시대에 맞는 인간교육 틀을 갖추는 것입니다. 개개인의 본성, 욕구, 본능, 인지양식, 습성, 성향 등에 기초하여 개별화 교육이 이루어져야 합니다. 과거와 달리 개인 고유의 개성을 자극하고 이를 계발하는 교육이 필요하다는 것입니다.

장작은 스스로 훨훨 타는 것이 아니라 불을 붙일 적기의 타이밍에 불을 지펴주는 사람이 있어야만 타게 됩니다. 어린이도 장작처럼 훨훨 타오르는 무한의 에너지를 갖고 있지만, 스스로 점화할 수 없기 때문에 교사나 부모의 조력이 절대 필요합니다. 타이밍을 잘못 맞추어, 젖은 장작에 불을 붙이면 그슬리기만 하거나 연기만 뿜어낼 뿐, 훨훨 타오르는 장작불을 기대할 수 없습니다.

반대로 바싹 마른 장작에 불을 붙이면, 쉽게 탈지는 모르지만 원하는 강렬한 화력을 얻을 수 없습니다. 언제, 어느 상황에 점화하는 것이 적기인가의 타이밍을 결정하는 것은 중요합니다. 어린이의 교육도 그러합니다.

둘째, 가르치는 자가 '자신이 알고 있는 것'을 가르치는 시대가 아닙니다. 학력이 높고, 경력이 많다고 하여 잘 가르치는 시대가 아닙니다. 저의 연구결과에 의하면, 유치원 경력이 8년 이상 된 교사와 3

년 이상된 교사의 수업 질 차이가 없었습니다. 그렇다면, 개선방안은 무엇일까요? 발상의 대전환입니다. 어린이가 원하는 것을 가르치는 발상의 전환이 있어야 합니다. 성인이 좋아하는 케이크를 어린이에게 잘게 썰어 준다고 하여 어린이가 좋아하는 케이크가 되는 것이 아닙니다.

어린이의 요구와 기호에 맞게 새로운 케이크를 만들어야 합니다. 배움이 필요한 자도, 배움이 즐거운 자도, 배움을 통해 보람을 느끼는 자도 어린이가 되어야 합니다. 그런데 우리의 현실은 배움이 필요하고, 그것이 즐겁고 보람을 느끼는 자가 부모나 교사가 되고 있으니 주객이 전도된 세상이란 생각이 듭니다.

셋째, 가르치는 자격을 가졌다고 하여 가르치는 자가 될 수 없습니다. 21세기는 더 이상 이것이 통하지 않습니다. '가르치는 법'을 아는 자가 가르치는 시대에 접어든 것입니다. 저는 눈이 좋지 않아 컴퓨터작업을 그동안 조교에게 위임하였습니다. 최근에 기본적인 작업만큼은 제가 해야겠다는 생각으로 전문가에게 컴퓨터를 배우기 시작했습니다.

제가 배우면서 느끼는 것은 컴퓨터 지식을 많이 알고 있는 그들이지만 가르치는 방법을 전혀 모른다는 것을 알았습니다. 저를 자리에서 밀어낸 채, 자신이 그 자리에 앉아 컴퓨터를 조작하며 설명하고는 저보고 해보라고 합니다. 제가 잘 따라하지 못하면 또 다시 자신이 모든 것을 다 해보입니다.

가르치는 자는 자신의 앎을 표현하는 것이지, 배우는 자의 배움의 세세한 필요사항을 단계적으로 안내하고 해보게 하고 기다려주고 그리고 즉각 피드백해 주는 의향은 전혀 보이지 않습니다. 아마 유아가 볼 때 유아교사도 그러하다고 생각하고 있을 것입니다.

위에서 제시한 세 가지 명제에 걸맞은 교육틀이 무엇일까요? 저는 이것이 '컨버전스 교육'이라고 생각합니다. 컨버전스 전문가는 변화무쌍한 어린이의 필요를 적기에 안내하고, 유아가 학습의 즐거움과 만족감, 그리고 행복감과 보람을 갖게 하는 역할을 할 수 있는 자입니다.

## ✿ 만일 교육주치의가 있다면…

저는 학습자가 필요한 깃을 가르치며, 21세기 사회가 필요한 인간을 양성하는 교사를 컨버전스 교사라고 부릅니다. 루소의 〈에밀〉에서 말한 Professor의 역할입니다. 이러한 추세는 교육분야에서만 있는 것이 아닙니다.

한 가지 예로, 최근 은행가에서 인기를 모으고 있는 PB(private banker)제도도 있습니다. 개인고객에게 고용된 은행원처럼 고객이 필요한 모든 정보를 시시각각으로 제공하고 고객의 이익창출을 최대한 도와주는 멀티 컨설턴트입니다. 심지어 고객 자녀의 방학에 적절한 해외 연수프로그램의 정보, 주말에 볼만한 오페라, 연주회, 공연, 전람회 정보도 제공하여 줍니다.

교육분야에 은행의 PB와 같은 PE(private edutainmenter)가 있다면, 그들이 자녀의 '생애교육 로드맵(lifelong education roadmap)'을 만들어준다면, 자녀가 이 로드맵에 따라 생활한다면 분명히 21세기가 원하는 인간상이 양성될 것입니다.

여러분! 과거의 교육은 성공한 사람은 만들었을지라도 행복한 사람은 만들지 못한 것 같습니다. 성공한 많은 고위공직자가 자살하고, 유명 탤런트가 자살하고, 4만 명이나 되는 사회지도층 인사가 배고픈 농민이 받아야 할 '쌀 직불금'을 가로채는 등 보람과 사랑이 없는 그런 사람이었음을 부인하지 못할 것입니다. 더 이상 이런 불행을 다음 세대에게 대물림해서는 안 됩니다. 그 해결책은 교육의 변화에서 찾을 수 있습니다.

교육이 성공이나 행복의 필요조건이 아닌, 교육 그 자체가 행복이고, 성공이 될 수 있는 신 교육패러다임을 수립해야 합니다. 생애교육 로드맵 즉 임신 전, 임신 후, 0~2세, 3~5세, 6~11세, 12~16세, 17~24세, 25세~ 등의 생애발달 단계별 최적 컨버전스 전문가의 서비스가 절대적으로 필요합니다.

저는 몇 가지 대안을 논의해 보고자 합니다. 지금의 단선화(유−6−3−3−4학제)된 교육틀에서 벗어나 복선화(예, 유아학교 3년, 초 5년, 중고 5년 등)된 교육틀을 지향하고, 지금의 교육내용과 방법은 과감하게 재조정하여 글로벌 유전인자의 배양을 위한 혁명적인 변혁이 필요합니다. 이를 위해 컨버전스 전문가의 육성이 중요합니다. 교사는 그 시대의 최고 전문가이어야 합니다. 만일 박사가 최고전문가의 상징이라면 박사학위를 가져야 하고, 자격증이 최고전문가의 조건이라면 자격증을 가져야 합니다.

이러한 전문가들의 특성을 상징화해 보면 교육주치의, 교육컨설턴트, 교육상담사, 교육장학사, 교육설계사, 교육임상가, 교육연구사, 교육경영가, 교육디자이너 등입니다. 이 용어들이 상징하는 바는 최고의 교육서비스, 최고의 교육프로그램, 최고의 교육 가치와 문화를 제공하는 전문 멘토라는 것입니다. 앞의 사무엘 스마일스의 잠언이 아니더라도, 우리는 교육을 통해 글로벌 국가의 선두에 필히 서야 합니다.

헤밍웨이의 명작인 〈누구를 위해 종을 울리나〉를 되새기지 않더라도 우리기 명쾌하게 가야 할 길, 즉 다음 세대에게 행복과 성공의 삶을 누릴 수 있는 나라를 물려주어야 할 것입니다. 그 길은 지금 바로 한국이 세계 교육의 메카가 되는 길이고, 그 길은 컨버전스 교육과 컨버전스 교사의 육성에 매진하는 일일 것입니다.

# 유아교원평가 해야 하나?

당신을 괴롭히고 실패하게 하는 일들은 더 큰 일을 하기 위한 하나
의 시련이라고 생각하자.                    … 아우구스티누스


미래유아교육학회가 '유아교원평가 구성방향, 그 시행은 언제 어
떻게!' 란 주제로 2008년 11월 8일 추계학술대회를 개최한 적이 있었
습니다. 학회장의 '초대글' 일부를 옮겨봅니다.

이 주제는 무엇보다 '핫이슈' 이며 '뜨거운 감자' 입니다. 각
시도교육감 선거유세의 핵심정책 이슈로 급부상하고 있는 이
슈입니다. 대학교원평가는 1998년부터 성균관대학교에서 시
작하여 이미 그 터전을 잡았습니다. 국민혈세에 의해 운영되
는 초·중·고교에서 가장 먼저 교원평가가 자리를 잡아야 하
는데, 아직 시작도 못하고 있습니다. 유아교육기관은 출발부

터 수요자 중심 아동중심 교육의 이상理想을 추구해왔습니다. 초·중등학교처럼 학습자를 통한 교육성과의 정량화가 불가능하므로, 오히려 유아교원평가의 정례화는 유아교육 질 보장을 위한 최저한의 제도적 장치인 것입니다. 교원의 질이 바로 유아교육의 질 이상以上인 셈입니다. 사교육 시장에 빼앗긴 공교육의 명예회복을 위해서도 더욱 그러합니다.

2008년 베이징올림픽의 세기적 수영 영웅인 펠프스를 기억하실 것입니다. 그는 한때 ADHD란 주의력결핍과잉과다행동장애를 앓은 적이 있었습니다. 그래서 그가 거둔 업적이 더 위대한 감동을 주는 것입니다. 그가 세계의 이목이 집중된 인터뷰에서 이런 말을 하였습니다. "중학교 국어선생님이 나보고 절대로 성공하지 못할 것이라 하였습니다. 돌이켜보면, 참 재미있습니다."란 의미심장한 말을 던졌습니다.

펠프스와 그의 가족은 분명 달랐습니다. 만일 다른 아이나 가족이었다면, 교사의 이말 한마디에 인생을 송두리째 포기하고 말았을 것입니다. 교원의 일거수일투족은 바로 어린이의 운명을 결정하는 시금석과 같은 것입니다. 혼란과 격동의 시기, 학교가 우뚝 서고 그 가운데 교원의 위엄이 글로벌 시대의 길잡이가 되게 하기 위해 유아교원평가는 시대적 소명임에 틀림없다고 하겠습니다. 이는 유치원 공교육화와 어린이집 공보육화를 앞당기는 요체이기도 합니다.

2008년 11월 8일, 미래유아교육학회 회장 이영석 씀.

## 🍃 평가의 위대한 파워

누구든 평가에서 자유로울 사람은 아무도 없을 것입니다. 그래서 인지 누구든 평가받기를 좋아하는 사람은 없습니다. 권위, 명예, 전 문성으로 무장된 집단에게는 더욱 그러합니다. 학문의 권위, 명예, 전통, 그리고 유학의 상징인 성균관대학교가 1995년 교수평가에 대한 논의가 시작될 무렵의 이야기입니다.

유학을 건학이념으로 하고 600년의 정통사학을 계승해온 대학이기에 처음부터 거센 반발은 예견된 것이었습니다. 그 거센 반발의 중심엔 평가 그 자체의 효과성에 대한 의구심이나 그 평가방법의 과학성, 타당성, 합리성에 대한 회의라기보다 용인될 수 없는 감정적 요소가 더 많이 자리 잡고 있었습니다.

"스승의 그림자도 밟지 않는다."는 전통유학을 계승한 지성의 전당에서 제자가 감히 스승을 평가한다는 것 자체가 쉽게 수긍이 가지 않았던 것이었습니다. 이런 정서가 문과대학을 위시한 명륜동의 인문 사회과학 캠퍼스 교수들에 의해 먼저 제기되었고, 그것도 원로교수 집단보다 진보성향을 가진 중진교수들에 의해 먼저 제기되었습니다.

가장 반대할 것으로 여겼던 원로교수들은 이 길이 대학을 발전시키고, 우수한 학생을 유치할 수 있고, 대학의 이미지를 제고할 수 있는 길이라면 도입할 만한 당위가 있다는 대승적 자세를 취하였습니다. 이 제도의 도입으로 당시 거의 2~3류 대학으로 추락하기 일보직

전의 상황에서 명실상부한 국내최고 일류대학, 국내대학 중에서 고객만족 1위 대학이란 명성을 얻게 되었고, 2단계 교육부 BK사업단 선정시 신청한 전 학문분야에서 선정되는 등 전대미문의 초일류의 결과를 낳았습니다.

## 🍃 평가는 실추된 교권회복의 길

지금도 당시와 매우 흡사한 일이 벌어지고 있다고 봅니다. 초·중등학교가 교원평가를 시범적으로 2005년부터 일부 학교에서 그 적용 타당성확인을 위한 시범적 도입연구를 하고 있는 중입니다. 정부에서는 법을 개정한 후 2010년부터 전면 실시입장을 천명하고 있습니다.

교원평기에 대한 반대여론도 만만찮습니다. 특히 전교조가 앞장서 반대를 하고 있습니다. 시민단체들 중에서도 반대하는 의견이 많습니다. 그동안 수요자의 입장에 서서 참교육운동을 대변하고 참교육 실천운동을 슬로건으로 내건 이들 집단이 교원평가를 반대하는 그 자체가 아이러니한 일입니다.

저는 유아교원평가는 지금이 아니라 벌써 이미 시작했어야 할 일이라고 생각합니다. 여러분도 아시다시피 현재의 교육기관들 중에서 유아교육기관과 대학교육기관이 비교적 자유로운 체제와 풍토 속에서 열린 교육과정을 운영하여 왔고, 무엇보다 수요자의 욕구를 반영하는 교육프로그램을 적극적으로 도입하는 등 교육개혁과 변화의 촉매자 역할을 해왔습니다.

유아교육기관과 대학은 초·중등교육기관보다 시대를 바르게 읽고 이에 적극 대응하려는 태세를 갖추어왔습니다. 글로벌 경쟁시대를 맞이하여 한국이 그 속에서 생존, 성장, 번영하기 위해 지금 당장 '글로벌 유전인자'를 가진 인재를 양성해야 하며, 이를 위한 유아교원을 확보하는 것이 시급한 당면적 과제입니다. 교원도 학교도 본질적 변화와 개혁에 나서야 합니다.

저는 교원평가를 통한 변화와 개혁이 잃어가는 교원의 권위와 학교의 위상을 재건할 수 있는 절호의 기회라 생각합니다. 더 이상 유아교원은 글로벌 시대에 대비한 글로벌 유전인자를 유아에게 배양시켜주기를 갈망하는 학부모나 국가의 기대와 바람을 외면해서는 안된다고 봅니다.

이 시대 교원의 최저 양심이 바로 교원평가의 시행이라고 생각합니다. 현재 교원 자신을 제외하고는 그 누구도 교원의 전문성에 대해 신뢰하지 않습니다. 현 공교육체제에 대해 신뢰를 보내지 못하는 학부모, 기업, 정부에 대해 그동안 교육의 주도권을 행사해 온 교원집단이 솔선수범하여 이들을 안심시키고 이들에게 희망과 비전을 안겨줄 자구책을 서둘러 내놓아야 합니다.

이러한 최소한의 성의가 교원 스스로 평가받기를 자청하고 그 평



0세부터 글로벌 유전인자를 개발하라

가과정을 통해 실추한 공교육기관의 분위기와 풍토를 쇄신하고, 무한 추락을 거듭하는 교권과 공교육의 명예를 복원시키는 계기로 삼아야할 것입니다. 교원평가는 한국교육만이 갖는 특성이 아닙니다. 선진 국가들은 이미 강도 높은 교원평가를 오래전부터 시행해 왔고 평가결과에 기초하여 퇴출, 재교육, 승진, 연봉, 인센티브 등 교원인사와 복지제도의 중핵으로 자리를 잡았습니다.

교원평가 자체를 걱정하는 초보단계에 있는 우리의 경우, 교원평가 자체가 교권을 위협하고 위축하려는 수단으로 악용하려는 행정당국의 숨은 의도여부에 촉각을 곤두세우고 있는 것 또한 사실입니다. 그렇지만 한국교육은 역기능보다 순기능을 쫓아야 할 긴박한 순간에 처해 있습니다. 교원평가의 자료가 인사고가 자료로 활용될까하는 염려보다 교원의 자질함양의 계기로 삼고 사교육에 빼앗긴 공교육의 기능을 정상화하자는데 그 핵심이 있음을 인식할 필요가 있습니다.

그리고 무엇보다 교육의 공급자인 교사의 입장보다 교육의 수요자인 유아와 학부모의 입장을 적극 고려하자는 교육철학을 가져야 할 때라고 봅니다. 교사보다 학부모가 변화와 개혁에 더 예민하며, 교사보다 학부모가 열린 사고를 하고, 교사보다 학부모가 자녀의 개성과 소질, 적성적합 교육을 갈구하고 있다는 점도 간과해서는 안 될 것입니다.

더 분명한 것은 교사는 각 유아를 전체 유아의 한 부분으로 본다면, 학부모는 자녀를 전체로 보며 자녀의 성장과 성공에 올인 한다는 점입니다. 학부모의 변화속도가 교원보다, 정부나 국가정책보다 월등하게 빠르고 신속하다는 것입니다. 주택시장의 경우, 복부인과 복덕방이 부동산학과 교수나 지식경제부나 건설교통부의 정책가보다 더 정보가 정확하고 빠른 것과 일맥상통한 것입니다.

신생국가인 미국을 약 200년도 채 안되어 세계 최고의 국가로 만드는 기반을 제공한 학자가 있습니다. 그는 〈민주주의와 교육(*Democracy and Education*)〉의 저자이며, 민주주의 국가의 설계사인 존 듀이(John Dewey) 박사입니다. 그는 1930년대에 학교는 더 이상 상아탑이 아니며, 지역사회 속에서 변화와 개혁을 공유하는 생활 속의 지식제공자의 역할, 행동실천의 역할인 '지역사회와 학교' 론을 주창하였습니다.

학교교육의 실용화, 생활화, 과학화를 지역사회 속에서 구현하고자 한 것입니다. 이를 위해 끊임없이 지역사회의 요구와 변화를 수용하여 교원의 자격과 자질을 엄격히 관리하고 그 자질함양에 교육질의 성패를 삼았습니다. 그 결과 232년 만에 흑인대통령 오마바를 탄생시킨 것입니다.

우리 정서는 교원이나 공무원이 노동쟁의를 하는 것이 납득이 잘 안됩니다. 그러나 미국 등 선진 국가들은 교원이 연봉을 비롯한 복지문제 등으로 단체협정을 매년 맺거나 이것이 여의치 않으면 노동쟁의를 하고 수업을 거부합니다. 참 흥미로운 것은 학생들이 교원을 위해 시위를 한다는 사실입니다. 우리는 학교에 가서 빨리 배우고 싶으



0세부터 글로벌 유전인자를 개발하라

니 선생님의 요구를 빨리 지역사회나 정부가 받아들여달라는 친 교원시위를 하는 것입니다.

만일 우리나라 교원들이 월급 올려달라고 데모를 하면, 학부모의 손가락질을 받을 것은 뻔하고 그 어느 학생도 우리는 학교에 가서 공부 빨리하고 싶으니 선생님의 요구를 빨리 들어주라고 데모하는 학생이 있을까요? 유아교사들은 냉철하게 학생이나 학부모, 기업이나 정부가 교원에게 거는 기대가 무엇인가를 깊이 통찰해봐야 합니다.

## 🍃 수요자중심의 교육프로그램 구성 · 운영해야

15년 전만해도 '모르면 선생님한테 묻고, 공부는 학교에서' 하는 것이 당연시되었습니다. 지금의 우리 자녀들은 "모르면 네이버 지식인에게 물어보고, 공부는 학원에서 한다."고 합니다. 사실 학교에서 공부한다는 학생은 많지 않은 것 같습니다. 이유야 어찌되었든 일차적 책임은 교원에게 있습니다.

한 번 교원은 평생 교원이며, 교원의 경력에 따라 모든 것이 결정되는 그러한 비경쟁 현풍토속에서 교원은 학습자로부터, 학부모로부터, 지역사회로부터, 정부로부터 신뢰와 존경을 받기가 어렵습니다.

혹자는 교원은 교과지식을 가르치는 것 이외에 학습자의 인성도야에 책무를 맡고 있어서 교원평가는 부적절하다고 주장합니다. 학습자의 인성지도를 객관적 평가의 수치화가 어렵다는 논지입니다. 이는 교원평가의 본질론이 아닌 방법론의 문제입니다. 그 평가방법은 마음만 먹으면, 누구나 인정할 수 있는 객관성, 공정성, 신뢰성, 타당성을 보증할 수 있는 방도가 얼마든지 있습니다.

객관적으로 평가될 수 없는 인성목표가 있다면, 그것은 교육목표나 목적이 아닐 것이고, 그것은 교육내용에 포함되지도 아니 하였을 것입니다. 역설적으로 말하면, 객관적 평가가 난해한 교육내용이 있기에 더욱 더 교원의 학습지도나 생활지도의 적절성 여부에 대한 엄격한 자질평가가 정규적으로 시행되어야 한다는 논리가 성립됩니다.

우리는 우주탐사선이 달을 넘어 화성을 가는 시대이고, 인간의 뇌지도가 만들어지는 세상이고, GPS가 현재 우리의 위치를 정확하게 시시각각으로 알려주는 그런 시대에 살고 있습니다. 미국의 측정심리학자인 손다이크(Edward Lee Thorndike)는 "이 세상에 존재하는 것이 있다면, 그것은 양으로 측정할 수 있다."고 말했습니다. 측정할 수 없는 것은 그 실체가 존재하지 않는다는 뜻입니다.

우리가 염려하고 걱정해야 할 것은 객관적으로 평가할 수 있느냐 하는 것보다 평가의 결과를 어떻게 교육의 질 개선에 활용할 것이고, 나아가서 공교육을 정상화할 수 있는 방향으로 활용할 수 있느냐에 대한 논의일 것입니다. 건전한 평가결과 활용을 위한 행·재정적 지원체제와 법제도의 정비에 심혈을 기울여야 합니다.

그동안 유아교사의 편리를 위해 교육프로그램을 구성, 편성, 조직,

운영을 해왔다면, 이제는 수요자의 욕구, 바람, 필요, 특성 등을 고려한 교육프로그램을 구성하고 운영하는 체제로 전환하려는 노력이 필요한 때입니다.

이미 유아교육 분야에서는 교육부 BK21 아동교육사업단을 통해서는 '발달에 적합한 수업모형'을 개발하여 이를 유아교원의 수업의 질을 혁명적으로 변화시키고자 한 바 있었습니다. '발달에 적합한 유아교육 실제(DAP: developmentally appropriate practices)'는 다음의 세 가지 요소가 포함되어 있습니다.

첫째, 유아의 연령적합성(age appropriateness)입니다. 각 유아의 연령에 적합한 차별화된 교육프로그램 구성 및 운영을 말합니다. 둘째, 유아의 개인적합성(individual appropriateness)입니다. 개별 유아의 독특한 인성, 흥미, 능력, 인지양식, 습성, 성장속도나 방향 등에 적합한 차별화된 교육프로그램의 구성 및 운영을 말합니다. 셋째, 유아의 사회·문화 적합성(socio-cultrual appropriateness)입니다. 각 유아의 사회·문화적 특성에 적합한 차별화된 교육프로그램의 구성 및 운영을 말합니다.

# 다양한 불황극복 전략들 …

인간의 미래는 인간의 마음에 있다.　　　　　　　… 슈바이처

나에게 꿈이 있습니다.
언젠가, 나의 어린 네 명의 아이들도 피부색이 아니라
그들의 인격으로 판단되는 나라에 살게 될 것이라는.

이 글은 마틴 루터 킹 목사가 저격 직전 어느 대중집회에서 행한 "나에게 꿈이 있습니다(I have a dream.)." 연설문 중의 일부입니다. 이 연설문은 오바마 대통령이 그의 인생 역경을 극복하는 좌우명이 되었고 그가 그 꿈을 현실로 만들었습니다. 그의 대통령 당선은 여러 가지 변화와 혁신의 신호탄으로 받아들여지고 있습니다.



0세부터 글로벌 유전인자를 개발하라

# 위기는 기회의 전주곡

  미국 발 금융위기로 야기된 세계적 경제 불황이 한국경제 불황, 한국기업 불황, 나아가 한국가정 불황으로 이어지고 있습니다. 미국은 2008년을 대표하는 단어로 '구제금융(bailout)'을 선정하였다고 합니다. 우리 주변에도, 불황 바이러스, 불안 바이러스, 우울 바이러스가 점차 빠른 속도로 확산되고 있습니다.

  아가월드그룹의 이석호 회장은 위기를 기회로 활용하는 뜻으로 '줄탁동시啐啄同時'와 '거두절미去頭截尾'를 조직구성원들에게 자주 말합니다. 줄탁동시란 병아리가 알을 깨고 나오기 위해 안에서 쪼면, 밖에서는 어미닭이 동시에 껍데기를 쪼아 부화를 도운다는 뜻입니다. 즉 기업에서 임원과 직원이 서로 협력하고 화합하여 함께 불황을 극복

하자는 의미입니다.

거두절미란 불필요한 요소를 과감히 제거하여 효율과 속도를 낸다는 것으로 기업의 군살을 빼고, 불필요한 요소를 구조 조정하여 집중과 선택을 하겠다는 의미입니다.

불황 안개가 좀처럼 가시지 않고 깊게 우리를 감싸 한치 앞을 예측할 수 없는 불안을 가중시키고 있습니다. 하지만 우리가 국가 지도자들이나 기업의 CEO들이 제시한 다음 불황극복 예화들의 핵심들을 잘 간파하고 이를 우리가 처한 개별 불황상황에 유효적절하게 대처해 나간다면 극복의 묘책이 될 것이라 확신합니다.


제1화 : 이명박 정부의 '신뢰사회구축' 과 '녹색성장' 강조

제2화 : 일본 아소 총리가 공무원에게 요구한 불황타개책 '나쁜 정보일수록 빨리 보고하라, 신속하게 일하라, 부처이익을 버리고 국익에 충실하라, 나의 일이 아니라 생각하지 말고 스스로 일을 찾아라.'

제3화 : 김승연 한화그룹 회장의 위기탈출법은 '어둠이 걷히기만 기다리지 말고, 어둠속에서 길을 떠나 새벽녘 기회의 땅을 건너자', '극한 상황에서도 마지막까지 살아남을 수 있는 경쟁력을 갖추자', '앞으로의 2~3년이 뼈를 깎는 고통의 시간이 될 수 있겠지만, 우리의 20년, 30년을 견인한다는 신념을 갖고, 각자의 목표를 반드시 달성해야 한다.'

제4화 : LG 구본무 회장은 "상황이 어려울수록 실력있는 기업은 빛을 발한다.", "위기극복의 해법은 새로운 고객가치의 실현에서 찾자."라는 위기탈출법을 제시하였습니다.

제5화 : 홍콩 청쿵 그룹의 리카싱 회장의 위기극복 방안은 '다른 사람이 물러날 때 나는 나아가고, 다른 사람이 얻으려 할 때 나는 포기한다.人退我進, 人取我棄'입니다.

이외에도 위기탈출법을 제시한 세계적 지도자들이 많지만, 우리주변에 비교적 친숙한 지도자 중심으로 그들의 불황극복 방안들을 소개하여 보았습니다. 이들은 불황을 호황으로 전환하는 열쇠가 될 수 있을 것입니다.


## 🍃 넘버원 시대에서 온리원 시대로


학교와 교사에 대한 기업인들의 불만은 글로벌의 높은 파고를 헤쳐 나갈 인재를 육성하지 못한다는 것입니다. 미국 예일대학교의 의과대학 교수인 레빈(Levin) 박사는 "모든 의사와 병원은 필요하되 감옥처럼 달갑지 않은 사회악입니다."라고 말한 바 있습니다. 그 증거로 지금 환자의 70~80퍼센트가 의사와 병원이 아닌 민간치료사와 민간요법에 의존하고 있음을 지적하였습니다.

교사와 학교도 의사와 병원과 다를 바 없다고 생각합니다. 레빈 교수의 지적처럼 '모든 학교와 교사는 필요하긴 하되, 감옥처럼 달갑지 않은 사회악'으로 학부모와 사회인은 인식하고 있지 않을까 염려가 됩니다.

이러한 조짐과 움직임이 여기저기에서 불쑥불쑥 나타나고 있습니다. 공교육기관에 대한 불신, 사교육 시장의 호황, 조기해외유학의 확산, 대안목적학교의 급팽창, 특수목적고의 증가, 국제영재학교의 수요급증, 원어민강사 수요부족, 공영교육방송의 과외방송 정례화, 방과후 학원과외식 운영확충, 논술열기, 몬테소리와 가베 자격증 수요증대, 홈스쿨의 등장 등등 … 이런 추세라면 머지않은 장래에 공교육기관의 무용론이 거세게 일어날지도 모른다는 우려가 제기되고 있습니다.

미래학자 토플러는 그의 저서인 〈부의 미래(*Revolutionary Wealth*)〉에서 인재육성의 방향을 제시한 바 있습니다. 그 하나는 다문화역량을 가진 인재이며, 다른 하나는 각 분야에서 프로슈머(prosumer) 인재입니다. 프로슈머란 '생산자(producer) 또는 전문가(professional)'와 '소비자(consumer)'의 합성어로서 개인 또는 집단이 스스로 생산하면서 소비하는 자를 말합니다. 원시시대의 자급자족 물물교환시스템과 닮은 꼴입니다.

산업화사회의 이전 시대에는 자급자족의 자가 생산, 자가 소비라는 물물교환 시대가 보편적이었습니다. 사회와 국가가 다원화됨에 따라 표준화, 규격화, 획일화, 정형화에서 탈피하여 과감하게 개인욕구에 초점을 맞춘 영업형태가 그 대안으로 등장하려 합니다.

한양대학교 최고엔터테인먼트 과정의 손대현 원장은 지금의 시대는 '감성이 이성을 이기는 시대'라고 전제하면서, 넘버원(number one)이 아니라 온리원(only one)을 추구하는 시대로 규정하였습니다. 이제 모든 사람에게 만족하는 것은 한사람의 만족도 얻지 못한다는 것입니다. 시대의 트렌드는 개인에게 최적의 만족과 즐거움을 줄 수 있고, 개인에게 올인 할 수 있는 곳에 아낌없이 모든 것을 믿고 맡기는 그런 시대가 온다는 것입니다.

특히 교육 분야에서의 이러한 트렌드를 가장 잘 대변하는 예로는 미국 등을 위주로 선진 국가에서 그 기반을 강력하게 구축하여 확산되고 있는 '홈스터디(home study)' 또는 '홈스쿨(home school)' 운동입니다. 한국에는 그 유사한 형태가 '가정방문교사' 제도라 할 수 있습니다. 하지만 최근 2030 젊은 부모들이 중심이 되어 확산일로에 있는 '엄마교사(MT: mother teacher의 머리글자)' 시스템의 부상을 들 수 있습니다. 이미 부산광역시 교육청에서는 엄마교사가 될 '부모 가르치기'를 적극 활용하는 프로그램을 정례화하고 있습니다.

유치원이나 유아교사가 시대의 흐름을 바르게 읽고 시대정신에 부합하는 인재육성에 대비하지 않으면, 머지않은 미래에 그 자리를 프로슈머인 MT 2030에게 양도하는 시대를 맞이하게 될지도 모릅니다. 기업가나 정부 지도자들은 오늘날과 같은 불황을 피하기 위해 위기 및 불황을 적극 대처할 수 있는 인재육성에 초점을 맞춘 교육개혁을 서둘러야 합니다.

'하나뿐인 자녀, 국가의 국운을 거머쥐는 인재'에게 누구에게도 만족스럽지 못한 교육경험을 제공하는 그런 학교, 교사에게 '부모의 미래와 국가의 미래'를 맡기는 것에 걱정과 염려가 많을 수밖에 없음을 우리 모두 반성하고 그 해결책 찾아내야 할 것입니다.

초콜릿 캔디회사인 M&M's사는 고객이 직접 캔디의 한쪽에 자신이 좋아하는 문구를 새겨 넣을 수 있도록 배려하고 있습니다. 미국의 어떤 사설 우체국에서는 자신이 구매하는 우표에 자신이 원하는 사진을 넣을 수 있도록 배려한다고 합니다. 손대현 원장의 말처럼 온리원 시대의 그 한가운데에 우리 학부모, 기업가, 국가 지도자가 서 있음을 알아야 합니다.

하지만 아직도 교사, 공무원, 사회지도층은 구시대의 넘버원 철학에 집착하며 살고 있고 있는 것 같습니다. 그 안에서 힘없고 능력 없는 부모를 가진 수많은 국가 인재들이 그 숨겨진 날개를 제대로 펼칠 기회조차 갖지 못한 채, 하늘을 나는 단 한 번의 연습도 날개짓도 없이 날려고 하다, 끝없는 추락의 파국에 직면하게 될 것임을 상상만 해도 끔찍한 일입니다.

# ☘ 불황극복은 이렇게 …

개인이든 기업이든, 학교든 정부이든 어려운 시절에는 그것을 극복하는 전략과 전술을 수립하고 적극 대처에 나서야 할 것입니다. 어느 기업가의 발처럼, 이둠이 걷히기를 기대하고 기다려서는 안 될 것입니다. 이를 위한 몇 가지 전략을 살펴보고자 합니다.

첫째, 스페이스(space) 마케팅 전략입니다. 이는 고객을 위한 공간을 차별화하여 마련한다는 것입니다. 공간은 단순히 제품이나 상품을 진열하는 개념을 넘어 고객이 적극적으로 공간에 참여할 수 있는 개념으로의 전환입니다. 학교나 기업의 시설이나 공간을 지역주민의 공연장소로, 전시장으로, 취미 및 여가생활의 장, 열린 음악회장 등으로 오픈하는 것입니다. 이로 인해 학교나 기업의 이미지나 브랜드 가치를 극대화할 수 있습니다.

둘째, 공짜 마케팅 전략입니다. 2007년 8월에 영국의 가수 프린스는 자신의 음반 CD 300만 장(시가총액 약 64억 원)을 고객에게 무료로 제공하는 이벤트행사를 기획하여 세인의 화제를 모았습니다. 프린스는 이 공짜 음반배포 덕택에 오히려 공연인파가 몰려 4배의 수익을 올리는 쾌거를 거두었습니다.

현대자동차가 미국에서 대형차의 판매가 고전을 면치 못하자 소형차를 공짜로 끼워서 파는 마케팅 전략을 도입하여 시장점유율을 높이고 있습니다. 미국시장은 그동안 일본이나 유럽의 소형치가 그 확고한 자리를 차지하고 있는 상황에서 이런 공짜 마케팅 전략은 현대자동차 소형차의 브랜드와 이미지의 제고를 가져올 획기적 기회가 되고 있습니다. 최근에는 한술 더 떠 현대자동차를 구입한 자가 실직하면, 그 구입차를 다시 현대가 사주는 마케팅으로 사랑을 받고 있다고 합니다.

셋째, 디지털 스토리텔링 마케팅 전략입니다. 디지털 스토리텔링이란 소재만 고객에게 던져놓고 네티즌이 마음껏 이야기를 바꿀 수 있게 하는 것입니다. 예를 들면, "… 하면 되고"라는 '되고송'이 그 대표적인 예입니다. 종래의 프로페셔널한 광고 이미지를 완전히 지우고 일부러 아마추어나 일반인이 만든 광고처럼 화질을 낮추어 동영상처럼 보이게 광고를 만든다는 것입니다. 사실성과 진실성을 극대화한 광고 전략입니다. 고객의 호응은 폭발적입니다.

넷째, 쪼개기 마케팅 전략입니다. 그동안 기업이 문어발식으로 종합상사의 재벌체제를 갖추고 있었다면, 이를 소규모의 전문회사로 분할하여 독립경영 체제를 구축하는 전략입니다. 전문성을 갖춘 최저단위의 독립경영 회사 체제를 갖추어 큰 조직이 갖고 있는 의사결정의 비효율성, 재원·인력·공간의 비경제적 요소를 과감히 제거하고 대외환경이나 시장변화에 즉각적인 대응이 가능한 살아있는 아메바 조직체로 만든다는 전략입니다. 이의 대표적 예가 SK기업을 들 수 있습니다.

다섯째, 멀티 마케팅 전략입니다. 종래에는 여러 명의 CEO가 독자적인 조직체로 운영하는 것을 한 CEO 소속 하에 둠으로써 중복업무를 단순화시킬 수 있고, 독립사 간의 소통부재나 소통장애를 원활히 할 수 있어 신속하고 능동적으로 시장분위기에 대처할 수 있는 장점이 있습니다. 종래에는 각사마다 독립적으로 두었던 부서들을 통폐합하여 단일체제를 구축함으로써 구조조정의 실효를 거둘 수 있는 장점도 있습니다. 평상시에는 노조의 반대로 전혀 불가능하지만, 불황의 시대에는 자연스럽게 이러한 분위기가 조성되어 무리 없이 회사의 구조조정을 통해 경쟁체제를 향상시킬 수도 있습니다.

여섯째, 최고경영자와 고객과의 직통소통 전략입니다. 이명박 대통령이 국민과의 라디오연설을 통한 노변담화爐邊談話를 하면서 세상에 알려지게 된 것입니다. 사실 노변담화의 기원은 1930년대 초에 프랭클린 루스벨트 대통령이 국민에게 직접 그의 뉴딜정책을 설명하기 위해 시작한 라디오 연설이 그 효시입니다. 위기 상황에서는 최고경영자가 직접 나서 기업이 추구하는 가치나 신념을 현장일선 직원이나 고객에게 직접 알려 기업의 신뢰를 얻을 수 있는 장점이 있습니다.

일곱째, 회진제도 마케팅 전략입니다. 이 전략은 고객만족, 고객감동, 고객성공의 마케팅 전략에서 비롯된 것으로 마치 병원에서 오전, 오후로 나누어 전문의가 병실을 순회하면서 회진진료를 하는 것에서 유래된 것입니다. 회사마다 고객전문 상담사를 두어 고객의 지역이나 집을 수시로 내방하여 고객의 요구사항, 불평사항, 건의사항 등을 직접 경청하여 듣고 이를 즉시 해결하는 고객신뢰구축 마케팅의 새로운 전략입니다. 고객이 구입한 제품 이외에 회사의 다양한 비전, 전망, 신제품 등에 대한 고급정보를 고객에게 제공함으로써 평생고객이나 고객만족 경영을 실천할 수 있는 장점이 있습니다.

여덟째, 교육설계사 마케팅 전략입니다. 외국계 은행의 PB(Private Banker)제도와 같은 것으로서, 고객의 입장에서 이익이 되는 금융재테크 정보 및 각종여행, 골프, 연예, 공연, 자녀해외연수 등에 이르기까지 고급 종합 서비스를 제공하는 제도입니다. 특히 아동교육산업 분야에서도 상품이나 제품을 구입한 고객에게 아동교육에 관한 종합 최신 서비스를 고객의 집을 정규적으로 내방하여 제공하는 제도입니다. 교육설계사는 구매한 제품에 대한 보완 서비스는 물론 고객이 원하는 종합 고급 서비스를 제공하고 나아가 고객이 바라고 원하는 맞춤 서비스를 제공할 수 있는 장점이 있습니다.

# 세상에서 가장 소중한 것은?

진정한 사랑은 그 사람을 통해 모든 사람을 사랑하고, 그 사람을
통해 나 자신도 사랑한다.                                    … 구코

## 돈보다 아름다운 사람

이 세상은 누구도 혼자 살 수 없는 세상입니다. 굳이 "인간은 사회
적 동물이다."라는 정신분석학자의 말을 빌릴 필요 없이 우리는 분명
혼자서 살 수 없는, 함께 살아야 하는 사회적 동물입니다. 그래서 저
는 '이 세상에서 가장 소중한 것'은 바로 '사람'이라고 생각합니다.
흔히 돈을 잃으면 인생의 일부를 잃고, 명예를 잃으면 인생의 절반을
잃고, 건강을 잃으면 인생의 모두를 잃는다고 합니다. 하지만 저는
사람을 잃으면 한 인생의 전부를 넘어 그 인생의 가치와 역사까지 송

두리째 잃는다고 봅니다. 생애동안 이룩한 그 모든 것이 일순간에 사라지고 마는 것입니다.

평소에 잘 알고 지내는 출판업계 H사장은 사석에서 만나 맥주라도 한잔 기울이면, 입버릇처럼 하는 말이 "형님, 전 형님이 항상 옆에 있어 좋습니다. 지나간 추억도, 잘못도, 자랑도 모두 함께 소중히 더듬을 수 있고 그 기억들을 맛있는 술안주 삼으니 더욱 신바람이 납니다. 살아있다는 것, 산다는 것이 이런 맛 아닙니까? 형님도 그렇지요?"라고 말하곤 합니다. 저 역시 이 친구와 꼭 같은 생각입니다. 저를 인정해 주고 저에게 이익을 주는 사람이 소중한 것이 아니라 '함께 할 수 있는 사람' 이 세상에서 무엇보다 소중하다고 생각합니다. 그 무엇보다 서로의 소중한 습관, 감정, 버릇, 취향, 스타일을 함께 나눌 수 있어서 말입니다.

현대와 같이 모두가 잘난 개성시대에는 사람을 좋아하고 가까이 한다는 것이 그리 간단하고 쉬운 일이 결코 아닙니다. 더욱이 나와 신념 및 행동을 함께하는 선배, 동료, 그리고 후배를 한 사람만이라도 옆에 둘 수 있다는 것은 정말 보통사람에게는 불가한 일입니다. 만일 그럴 수 있다면, 그것은 인생의 영광이요 환희라고 생각해도 무방할 것입니다. 우리는 사람 속에 살면서, 가장 쉽게 사람을 생각하거나 너무 가볍게 사람을 생각하는 버릇이 있은 것 같습니다. 마치 공기처럼 늘 그 자리에 있을 것처럼 대수롭지 않게 대하고 살고 있습니다.

돈, 명예, 건강이 없다면 멋진 삶은 살 수 없겠지만, 사는 데는 큰 문제가 되지 않을 것입니다. 하지만 옆에 함께 할 사람이 없다면, 그 삶은 살아도 사람구실을 못하고 사는 사람이라는 생각이 듭니다. 그래서 함께 할 사람이 소중한 것입니다. 개인뿐만 아니라 기업과 국가도 마찬가지입니다. 한 사람이 기업이나 국가를 흥하게 할 수도, 망하게 할 수도 있다고 생각합니다. 특히 최고와 초일류를 추구하는 곳일수록 더욱 그러할 것입니다.

저는 평생을 사람과 더불어 살아왔습니다. 그래서인지 어떤 경우라도 사람을 잃어서는 안 된다는 확신을 가지고 있습니다. 돈을 잃어도, 명예를 잃어도, 심지어 건강을 잃는 한이 있더라도 '사람'을 잃어서는 결코 삶의 의미가 없다고 생각합니다. 요즘과 같은 각박한 세상사에 자신의 돈, 명예, 건강 중 어느 하나라도 얻고 지키기가 여간 어려운 일이 아닙니다. 그 중에서도 가장 어렵고 힘든 것은 원하는 사람을 얻거나 지키는 일이라고 생각합니다.

## 💿 '通하였는가' 비대칭 리더십

세인들의 관심을 끌었던 미네르바 사건을 기억하시죠? 인터넷의 경제대통령이란 막강한 영향력을 가진 미네르바. 이름만 들어도 알 만한 경제전문가들도 국민의 경제스승으로 칭송하던 미네르바. 민주

언론시민연합에서 민주시민언론상을 수여하기로 한 미네르바. 바로
그 사람은 단 한 번도 경제학을 전공한 적도, 관련분야의 전문직을
수행한 적도, 일류 대학교를 나온 적도 없는 그저 평범한 소시민이었
음이 밝혀졌기에 세인의 이목을 더욱 모았던 것입니다. 그가 리더가
될 수 있었고, 그가 영향력을 지닐 수 있었던 것은 네티즌의 니즈와
감성을 충족시킬 수 있는 비결을 알았기 때문입니다. 엄마가 자녀를
잘 알아야 자녀에게 영향력을 행사할 수 있듯이 말입니다.

지금 사회 각 분야에서 톡톡 튀는 개성과 창의성, 순발력과 재치,
유머와 타인배려 성향을 갖지 않는 자는 결코 리더가 될 수 없고, 가
까이에 유능하고 필요한 직원이나 후배 한 사람도 둘 수도 없는 상황
이 되어가고 있습니다. 진정한 이 시대의 리더가 되기 위해서는 쓸개
도 빼서 던져 버려야 하고 줏대도 꺾어서 개천에 던져 버려야 하는
것입니다. 조직에 직원을 맞추는 시대에서 다양한 직원에게 조직을
맞추는 기업문화나 조직문화가 조성되고 있습니다.

초일류기업을 추구하는 진취적인 대기업들이 사원들에게 가장 강
조하는 말 중의 하나가 바로 '기업시민' 이 되어주기를 바라는 것입니
다. 기업은 그 기업구성원의 소유물이 아닌 '국민들의 기업' 이라는
신념을 가진 사원이 되어달라는 것입니다. 어느 조직이든 간에 구성
원에게 인기가 높고, 영향력이 큰 리더들을 보면, 의외성을 많이 가
졌거나 스타일이나 성향의 이탈성이 많은 사람들입니다.

정통적인 리더십의 관념에서 보면 약간의 푼수기 마저 묻어나오는

그런 스타일의 소지자들이 많습니다. 특히 디자인이나 기술, 그리고 패션계같이 최첨단을 걷고 있는 기업분야의 경우, 이러한 리더의 성향이 단연 두드러집니다.

편경영, 재미경영, 놀이경영을 추구하는 기업의 리더도 그런 성향이 강합니다. 모든 구성원으로부터 OK 사인을 받으려면, 모든 구성원의 지지를 받으려면, 자기주장이나 자기고집을 앞세우기보다 타인과 동화되는 조화로움이 저절로 스며 나와야 가능할 것입니다. 대칭되는 정형스타일보다 다소 파격적 스타일이 호응을 얻을 수 있습니다. 저는 이를 '현대사회 리더의 자질' 이라 부르고 싶습니다.

과거에는 만고불변의 절대적 진리만이 '통通한다' 고 믿었고 개인, 사회, 국가가 성장하고 발전해도 '사람의 마음만은 한결 같아야 한다.' 라는 인식이 존재했습니다. 절대적인 진리나 원칙이 있기에 사람에 따라 사물을 보고 느끼는 인식방식이나 인식양식의 차이를 용납하지 않으려는 억기능의 분위기가 조성된 것입니다.

이러한 시대의 사람들은 성장과정 중에 접하는 사람들이나 물건들이 하나 같이 이전과 같았기에 자라면서 이전과 다른 관점이나 관계를 새롭게 형성할 필요가 전혀 없었습니다. 언제나 같은 사람이 그 자리에 한결 같은 모습으로 지키고 있었기에, 서둘러 급하게 이웃한 사람에게 자신을 각인시킨다든가 굳이 돈독한 인간관계를 만들 필요도 없었을 것이고, 누구인가를 입에 침이 마르도록 광고하거나 선전할 이유는 더욱 더 없었을 것입니다.

오히려 그러한 짓은 경망스러운 일, 경거망동하는 일, 믿음이 안가는 일로 여겼을 것입니다. 표현이 적을수록 믿음직스럽고, 대견스러워보였을 것입니다. 중학교 첫 영어시간에 선생님이 "침묵은 금이다(Silence is gold.)."라는 영어문장을 제일 먼저 가르치지 않았습니까? 오랜 시간동안 같은 사람을 대해야 하므로 자신의 모든 것을 어느 한 순간에 다보여주는 것은 현명한 자의 처신이 아니라고, 붙임성 있는 사람은 의도가 불순하거나 천민 근성에서 비롯된 것이라고 간주되었을 것입니다.

오늘날처럼 변화무쌍의 시대, 어제의 거짓이 오늘의 진실이 되고 오늘의 진실이 내일의 거짓이 되는 시대에는 쓸개가 없는 인간이 오히려 바람직한 리더상이 될지도 모릅니다. 더 나아가 유연하게 주변 변화에 적극적, 긍정적, 능동적으로 대처하면 할수록 유능한 리더상으로 평가를 받게 됩니다.

그러나 시대를 잘못 읽어 유능한 사람을 옆에 두지도, 지키지도 못하는 지도자가 있다면, 조직을 위해서도 사회를 위해서도 큰 손실이 아닐 수 없습니다. 소중한 사람을 잃으면 개인의 삶뿐만 아니라 그 개인이 속한 조직과 사회도 큰 상처를 받게 되고 어떤 경우는 구제불능(bailout)이 될 수도 있는 것입니다.

# 🍃 자기사랑 철학을 실천하자

　사람을 잃지 않으려면, 어떻게 해야 할까요? 사회심리학자들은 상호성의 원리, 일관성의 원리, 사회적 증거의 원리, 호감의 원리, 권위의 원리, 그리고 희귀성의 원리 등을 제시합니다.

　상호성의 원리는 상대방의 생일날을 기억하고 선물을 한다든가, 상대방을 위해 무언가를 양보하는 것입니다. 일관성의 원리는 자신의 희노애락喜怒哀樂에 관계없이 상대방을 한결같이 대하여 줌으로써 신뢰를 쌓아가는 것입니다. 사회적 증거의 원리란 사회복지기관이나 불우단체에 자선행위를 하거나 자원봉사를 하는 등의 이타행위로 주변의 환심을 얻는 것입니다. 권위의 원리는 항상 단정함 옷맵시, 격조 높은 정장차림 등으로 품위 있는 사람으로 호평을 얻는 것입니다. 그리고 희귀성의 원리란 정말 구하기 힘들거나 쉽게 할 수 없는 일을 그 사람만이 대신해 처리하여 주위 사람들의 신뢰를 얻는 것입니다.

　저의 경험에 의하면, 이 원리들은 대단히 훌륭한 사람을 끄는 마력을 가진 전술들임에 분명합니다. 그런데 무언가 핵심이 빠진듯합니다. 요즘처럼 사람도 다양하고 사람의 관심사도 다양한 상황에서는, 구성원을 한 방향으로 집결시킬 수 있는 응집의 에센스가 있어야 합니다. 현대인을 동기화, 자동화, 의식화할 수 있는 응집결정체(coherence)가 있어야 합니다. 그것은 바로 '사랑' '가족' '행복' '성공’ ‘부자’ ‘여행’ 등이 될 것입니다.

저는 이들을 현대인을 결속시키는 ‘자기사랑’ 에센스라고 부르고 싶습니다. 이 시대에는 ‘자기사랑’ 에센스가 없는 사람은 자신을 위해서도, 조직과 사회를 위해서도 봉사와 헌신을 할 수 없다고 봅니다. 불행스럽게도 현대인의 대다수는 자신의 삶을 살면서, 자신의 행복, 여가, 즐거움, 여행, 휴가 등을 제대로 향유하면서 살고 있는 사람이 많지 않다는 것입니다. 자기사랑보다는 타인, 조직, 사회, 국가를 위해 봉사와 헌신적 삶을 산다고 생각하는 사람들이 대다수인 것 같습니다. 저도 이에 포함됩니다.

현대인 대다수는 자신보다 가족, 친지, 부모, 동료, 친구, 부하직원, 상사, 이웃, 사회, 국가를 위한다는 핑계로 ‘자기사랑’ 을 뒷전으로 보류한다고 합니다. 단 한 번도 제대로 자신만의 삶을 추구한 적이 없다고들 말합니다. 그런데 자신을 사랑하지 않은 사람이 어떻게 타인의 사랑에 진실성을 보일 수 있을까요? 그 대답은 “No”입니다. 보인다면, 그것은 가식이요, 허위일 것입니다. 이득을 위한 위장일 것입니다.

발달심리학자들은 인간발달은 ‘자기중심에서 타인중심의 발달방향으로’ 진전된다고 합니다. ‘자기애’ 가 충만해야 ‘타인애’ 로 진화할 수 있다는 것입니다. 자기애가 넘쳐 타인애로 발전하는 것은 어떤 계산적, 수단적 의도가 있을 수가 없는 것입니다. 물 흐르듯 있는 그대로 타인사랑으로 전이되는 것입니다. 기업의 사원이라면 회사이익보



0세부터 글로벌 유전인자를 개발하라

다 고객이익을 먼저 생각하는 사랑이 우러나와야 합니다.

경제학자이자 성직자인 존스는 "당신이 하는 모든 일을 하느님에게 대하듯 하라!"고 말하였습니다. 현시대에 꼭 필요한 소중한 사람을 찾거나 지키려면 마음속에 이 글귀를 잊지 말고 품고 있어야 할 것입니다.

자신을 사랑하는 자는 타인을 대할 때 혼을 담고 정성을 모아 대할 것이며, 정말로 타인들을 하느님 대하듯이 소중하고 귀하게 대할 것입니다. 고객을 하느님 대하듯이 진지하고 최선을 다한다면, 그 고객은 굳게 닫힌 지갑을 열어 화답할 것입니다.

생각하면, 사람만큼 욕심이 많은 동물은 없는 것 같습니다. 자신은 누구를 위해 눈물, 땀, 그리고 피를 흘릴 마음도 실천도 한 적이 없으면서, 이러한 요행이 자신에게만 일어나기를 바라면서 일생을 산다니 말입니다. 그 누구를 위해 제대로 준비하지 않고, 타인으로부터 그런 사랑만을 받기를 바라면서 살고 있으니 말입니다. 정말로 못난 사람이 따로 있는 것이 아니라 '자기사랑'이 충만하지 않으면서 타인 사랑을 탐하는 자가 아닌가 하는 생각을 해봅니다.

더 이상 사람을 잃지 않으려면, 더 이상 자신의 역사와 가치를 상실하지 않으려면, 보다 철저하게 '자기사랑' 철학을 일상생활에서 실천하는 용단을 내려야 한다고 봅니다. 남에게 보여주기 위해 화사하게 멋을 낸 화초수반의 꽃꽂이 꽃이 되어서는 안된다고 봅니다. 이보다는 외진 길모퉁이에 핀 다소곳한 한 송이 들국화의 진한 향기에 주변사람들의 발을 붙들 수 있는 것입니다.

우리는 항상 사람 속에 살면서 외로움을 안고 살아가지 않습니까? 사회학자 리즈만(Riesman)의 '군중 속의 고독'을 인용하지 않아도 우리는 왜 외로움과 허전함을 느끼며 사는지 그 이유를 알아야 합니다. 그것의 동인이 바로 '자기사랑' 철학의 부재 때문입니다.

우리 생애에 단 한 명이라도 진정한 동지, 동반자, 반려자를 두고 싶다면, 우리 모두 지금부터 그들을 위해서 살기보다 반대로 '자기사랑' 철학을 행동으로 실천해야 할 것입니다. 이 길이 우리 생애를 가장 소중한 것으로 만드는 길이며, 이 길이 우리 생애가 '상하수도 운동'(저의 신조어로서, 인간이 먹고 소화하는 대사기능 활동을 은유적으로 표현)만 열심히 하다가 소리 없이 사라진 생명체로 기억되지 않고, 영혼을 가진 자의 가슴 속에 흔적을 면면히 이어줄 소중한 길이 될 것입니다.

조직의 리더가 구성원을 분신처럼 생각하고 대한다면, 그 구성원은 리더에게 받은 몇 배 이상으로 희생과 봉사로 화답하게 될 것입니다. 한 단계 더 진화하여 조직원의 나쁜 습관까지도 아껴준다면, 리더를 위해 '피, 눈물, 땀'을 흘리는 것을 결코 주저하지 않을 것입니다. 바로 여기에 세상에서 가장 소중한 것의 가치가 깃들어 있는 것이 아닐까요?

진정으로 '자기사랑' 철학을 열심히 실천하면, 어느 날 갑자기 타인에게 영향력을 주고 타인으로부터 사랑받는 '이 세상에서 가장 소중한 사람'이 되어 있음을 알게 될 것입니다. 영국의 낭만파 시인 바이런(Byron)이 한 말처럼 말입니다. "어느 날 아침에 깨어보니 유명해져 있더라!(I awoke one morning and found myself famous!)"

## 0세부터 글로벌 유전인자를 개발하라

2009년 5월 25일  초판 발행

지은이  |  이영석
펴낸이  |  이종헌
편 집  |  최윤서
마케팅  |  정현우
펴낸곳  |  아이비하우스
주 소  |  서울시 마포구 신수동 85-15
        TEL (02) 3272-5530~1
        FAX (02) 3272-5532
등 록  |  2009년 3월 6일(제313-2009-42호)
E-mail |  gasanbook@empas.com

ⓒ 이영석, 2009

ISBN 978-89-962372-1-1  03590

책값은 뒤 표지에 있습니다.